2023
水文发展年度报告

2023 Annual Report of Hydrological Development

水利部水文司　编著

中国水利水电出版社

www.waterpub.com.cn

·北京·

内 容 提 要

本书通过系统整理和记述 2023 年全国水文改革发展的成就和经验，全面阐述了水文综合管理、规划与建设、水文站网管理、水文监测管理、水文情报预报、水资源监测与评价、水质水生态监测与评价、科技教育等方面的情况和进程，通过大量的有代表性的实例客观反映了水文工作在经济社会发展中的作用。

本书具有权威性、专业性和实用性，可供水文行业管理人员和技术人员使用，也可供水文水资源相关专业的师生或从事相关领域工作的管理人员阅读参考。

图书在版编目（CIP）数据

2023水文发展年度报告 / 水利部水文司编著.
北京 ：中国水利水电出版社，2024. 6. -- ISBN 978-7
-5226-2562-1
Ⅰ. P337.2
中国国家版本馆CIP数据核字第2024KA9668号

书　　名	**2023 水文发展年度报告** 2023 SHUIWEN FAZHAN NIANDU BAOGAO
作　　者	水利部水文司 编著
出版发行	中国水利水电出版社 （北京市海淀区玉渊潭南路 1 号 D 座　100038） 网址：www.waterpub.com.cn E-mail：sales@mwr.gov.cn 电话：(010) 68545888（营销中心）
经　　售	北京科水图书销售有限公司 电话：(010) 68545874、63202643 全国各地新华书店和相关出版物销售网点
排　　版	山东水文印务有限公司
印　　刷	北京印匠彩色印刷有限公司
规　　格	210mm×297mm　16 开本　9 印张　129 千字　1 插页
版　　次	2024 年 6 月第 1 版　2024 年 6 月第 1 次印刷
印　　数	0001—1000 册
定　　价	**80.00 元**

主要编写人员

主　　　　编　林祚顶

副　主　编　束庆鹏　李兴学　刘志雨

编写组组长　李兴学　王金星

副　组　长　潘曼曼　李　静　彭　辉　杨　丹　刘　晋　白　葳

　　　　　　刘庆涛　侯爱中

编写组成员　吴梦莹　胡诗松　刘　帅　莫亚龙　张同强　吴竞博

　　　　　　徐　杨　樊爱鹏　李　昕　穆禹含　谭尧耕　王晨雨

　　　　　　张　坤　王卓然　王　梓　张　玮　冯　峰　李春丽

　　　　　　吴春熠　王光磊　陈　甜　崔寅鹤　王雲子　赵丽红

　　　　　　刘耀峰　黄宇桥　王一萍　王文英　杨伟英　陈　蕾

　　　　　　张玉洁　曹樱樱　徐润泽　程哲兰　伍勇峰　刘　强

　　　　　　许　凯　程艳阳　聂红胜　温子杰　韦晓涛　陈　尧

　　　　　　龚文丽　张彦成　张　静　庞　楠　次仁玉珍　张锦刚

　　　　　　张德栋　周启明　于　冬　张晓敏　许　丹

参编单位　水利部水文水资源监测预报中心

　　　　　　各流域管理机构

　　　　　　各省（自治区、直辖市）水利（水务）厅（局）

　　　　　　新疆生产建设兵团水利局

前　　言

　　水文事业是国民经济和社会发展的基础性公益事业，水文事业的发展历程与经济社会的发展息息相关。《水文发展年度报告》作为反映全国水文事业发展状况的行业蓝皮书，力求从宏观管理角度，系统、准确阐述年度全国水文事业发展的状况，记述全国水文改革发展的成就和经验，全面、客观反映水文工作在经济社会发展中发挥的重要作用，为开展水文行业管理、制定水文发展战略、指导水文现代化建设等提供参考。报告内容取材于全国水文系统提供的各项工作总结和相关统计资料以及本年度全国水文管理与服务中的重要事件。

　　《2023 水文发展年度报告》由综述、综合管理篇、规划与建设篇、水文站网管理篇、水文监测管理篇、水文情报预报篇、水资源监测与评价篇、水质水生态监测与评价篇、科技教育篇等 9 个部分，以及"2023 年度全国水文行业十件大事""2023 年度全国水文发展统计表"组成，供有关单位和读者参阅。

水利部水文司

2024 年 5 月

目　　录

前言

第一部分　综述

第二部分　综合管理篇

　　一、部署年度水文工作 …………………………………………… 5

　　二、政策法规体系建设 …………………………………………… 7

　　　　专栏 1 ………………………………………………………… 12

　　三、机构改革与体制机制 ………………………………………… 15

　　四、水文经费投入 ………………………………………………… 23

　　五、国际交流与合作 ……………………………………………… 25

　　六、水文文化建设和宣传 ………………………………………… 25

　　七、精神文明建设 ………………………………………………… 34

第三部分　规划与建设篇

　　一、规划和前期工作 ……………………………………………… 39

　　　　专栏 2 ………………………………………………………… 41

　　二、投资计划管理 ………………………………………………… 42

　　三、项目建设管理 ………………………………………………… 43

　　四、运行维护经费落实情况 ……………………………………… 45

　　五、推进水利工程配套水文设施建设情况 ……………………… 46

第四部分　水文站网管理篇

　　一、水文站网发展 ………………………………………………… 48

　　二、站网管理工作 ………………………………………………… 49

　　　　专栏 3 ………………………………………………………… 54

　　　　专栏 4 ………………………………………………………… 55

　　　　专栏 5 ………………………………………………………… 55

　　　　专栏 6 ………………………………………………………… 57

第五部分 水文监测管理篇

一、水文测报管理 ································ 61

　专栏 7 ································ 63

二、水文应急监测 ································ 66

三、水文测量 ································ 70

四、标准体系建设与新技术研究应用 ································ 71

五、水文资料管理 ································ 74

第六部分 水文情报预报篇

一、水情气象服务工作 ································ 76

二、水情业务管理工作 ································ 79

第七部分 水资源监测与评价篇

一、水资源监测与信息服务 ································ 81

　专栏 8 ································ 84

　专栏 9 ································ 84

　专栏 10 ································ 89

二、地下水监测分析管理 ································ 97

第八部分 水质水生态监测与评价篇

一、水质水生态监测工作 ································ 104

　专栏 11 ································ 107

　专栏 12 ································ 108

　专栏 13 ································ 113

二、水质监测管理工作 ································ 114

三、水质水生态监测成果及应用 ································ 117

第九部分 科技教育篇

一、水文科技发展 ································ 120

二、水文人才队伍发展 ································ 124

　专栏 14 ································ 127

附录 2023 年度全国水文行业十件大事

附表 2023 年度全国水文发展统计表

第一部分

综　述

　　2023 年是全面贯彻党的二十大精神的开局之年。党中央国务院和水利部党组高度重视水文工作。习近平总书记 7 月 4 日对重庆等地防汛救灾工作作出重要指示，要求加强统筹协调，强化会商研判，做好监测预警；8 月 1 日，对北京、河北等地防汛救灾工作作出重要指示，强调当前正值"七下八上"防汛关键期，各地区和有关部门务必高度重视、压实责任，强化监测预报预警，落实落细各项防汛措施。李强总理 8 月 8 日主持召开国务院常务会议，研究灾后恢复重建工作时指出，要立足抗大洪、抢大险，加强研判预警。水利部党组认真贯彻落实习近平总书记重要指示批示精神，针对雨水情监测预报体系存在的薄弱环节，明确提出加快构建气象卫星和测雨雷达、雨量站、水文站组成的雨水情监测预报"三道防线"，实现云中雨、落地雨、本站洪水监测预报并延伸产汇流及洪水演进预报，进一步延长洪水预见期，提高洪水预报精准度，有力支撑预报、预警、预演、预案"四预"工作。2023 年 1 月，李国英部长在全国水利工作会议上强调，要加强水文现代化建设，加快现有水文站网现代化改造，重点实施中小河流洪水易发区、大江大河支流、重点水生态敏感区等水文站网建设，新建一批水文站、水位站、雨量站，加强卫星遥感、测雨雷达等技术应用，推进天空地一体化监测，加快构建气象卫星和测雨雷达、雨量站、水文站组成的雨水情监测"三道防线"。2023 年 7 月，李国英部长主持召开部长专题办公会研究加快构建雨水情监测预报"三道防线"，强调了加快构建雨水情监测预报"三道防线"的重要意义和工作步骤，要求锚定"人员不伤亡、水库不垮坝、重要堤防不决口、重要基础设施不受冲击"防汛目标，坚持"预"字当先、关口前移、防线外推，加快构建气象卫星和测雨雷达、雨量站、水文站组成的雨水情监测预报"三道防线"，建设现代化水文监测预报体系，实现延长洪水预见期和提高洪水预报精准度的有效统一，为打赢现代防汛战提供有力支撑。2023 年 9 月，水利部在湖南长沙召开水利测雨雷达试点建设应用现场会，会议由水利部总工程师仲志余主持，水利部副部长刘伟平出席会议并讲话，会议强调要牢牢把握"三道防线"建设的目标要求、内涵和重点，统筹结构、布局、密度，聚焦流域防洪和水库调度等方面，服务水利全部业务领域，加快构建雨水情监测预报"三道防线"，会议要求要在按相关规划实施好第二道、第三道防线建设的同时，大力推进第一道防线建设，特别是测雨雷达的建设与应用。李国英部长在调研数字孪生太湖建设和海河流域系统治理等工作中多次强调，要以流域为单元，抓紧建立健全雨水情监测预报"三道防线"，按照标准规范统筹结构、密度、功能，优化站网布局，提升精准监测能力；要善用现代化水文监测技术与设备，提高洪水监测能力；要加快数字孪生水利建设，着力提升预报预警预演预案能力。

一年来，全国水文系统深入贯彻党中央、国务院决策部署，认真落实水利部工作要求，攻坚克难、担当作为，全面加快水文现代化建设，大力提升支撑服务能力，水文高质量发展取得新成效。

支撑水旱灾害防御成绩突出。2023 年，我国江河洪水多发重发，海河流域发生"23·7"流域性特大洪水，松花江部分支流发生超实测记录洪水，防汛形势复杂严峻。水文系统坚决扛起防汛天职，闻汛而动、冲锋在前，全面加强主汛期特别是防汛关键期雨水情监测预报预警工作，汛期共采集雨水情信息 30 亿条，出动应急监测 15235 人次。特别是在应对海河"23·7"流域性特大洪水过程中，水文部门共施测流量 3195 站次，人工观测水位 33526 站次，测沙 1472 站次，抢测洪峰 359 场，采集报送雨水情监测信息 142 万余条，滚动预报 9300 余站次，发布洪水预警 86 次。为取得防御海河流域性特大洪水全面胜利、打赢水旱灾害防御硬仗提供有力支撑。

水文现代化建设全力推进。全国水文系统按照水利部加快建设现代化水文监测预报体系要求，积极推动雨水情监测预报"三道防线"建设，现代化水平持续提升。水利部召开水利测雨雷达试点建设应用现场会，印发《关于加快构建雨水情监测预报"三道防线"实施方案》《关于加快构建雨水情监测预报"三道防线"的指导意见》，部署水利测雨雷达建设应用先行先试工作。各地积极探索构建雨水情监测预报"三道防线"。加速推进水文基础设施建设，完善监测站网，提档升级基础设施。国家地下水监测二期工程等项目前期工作进展顺利。流域管理机构加强新技术装备应用，所属水文站高洪测验设施设备现代化升级改造全面完成。扎实做好增发国债相关项目建设。水利工程配套水文设施建设加快推进。新技术装备研发应用水平不断提高。

服务水资源水生态治理成效明显。全国水文系统认真贯彻落实习近平生态文明思想，有力支撑最严格水资源管理、河湖生态保护治理、地下水超采治理等工作。建立监测预警机制，实现 173 个重点河湖 230 个生态流量控制断面监测预警。圆满完成京杭大运河、永定河、华北地区、西辽河复苏河湖生态环境生态补水监测分析。全国重点水域水生态监测工作实现常态化。完成《丹江口库区及其上游流域水文水质监测系统建设实施方案》，加强水文水质监测，为确保"一泓清水永续北上"提供支撑。完成华北地区和三江平原等 10 个重点区域地下水分析评价、华北地区地下水超采区地下水水位变化预警。

水文行业管理不断加强。全国水文系统持续深化改革，强化站网管理，完善标准体系，水文国际交流与合作、文化宣传工作持续加强，水文党建工作持续深化。水利部首次认定发布城陵矶等 22 处百年水文站，印发《国家基本水文站名录》，出台《水利部关于推进水利工程配套水文设施建设的指导意见》，修订发布《水文站网规划技术导则》《地下水监测工程技术标准》等标准，圆满举办第七届全国水文勘测技能大赛，成功续签《中华人民共和国水利部和越南社会主义共和国自然资源与环境部关于相互交换汛期水文资料的谅解备忘录》。中国成功连任联合国教科文组织政府间水文计划理事会成员。通过水利部官方媒体和中央及地方媒体发布水文宣传报道 7000 余篇。

第二部分

综合管理篇

2023年，全国水文系统深入学习贯彻习近平总书记"节水优先、空间均衡、系统治理、两手发力"治水思路和关于治水重要论述精神，按照水利部党组的决策部署，全面加快水文现代化建设，加快构建雨水情监测预报"三道防线"，大力提升支撑服务能力，水文高质量发展取得新成效。

一、部署年度水文工作

3月15日，水利部在北京以视频方式召开2023年水文工作会议（图2-1）。水利部副部长刘伟平出席会议并讲话，水利部总工程师仲志余主持会议。中央纪委国家监委驻水利部纪检监察组、水利部机关各司局、在京直属有关单位负责同志在主会场参加会议，各流域管理机构、京外有关直属单位、各省（自治区、直辖市）水利（水务）厅（局）和新疆生产建设兵团水利局分管水文工作负责同志及水文部门负责同志在分会场参加会议。刘伟平副部长充分肯定了2022年全国水文系统在支撑打赢水旱灾害防御硬仗、服务河湖生态环境复苏、推进水文基础设施建设、完善水文体制机制法治、提升水文行业发展能力、加强水文系统党建工作等方面取得的成绩，强调要紧盯新使命、认清新形势、把准新任务，开创水文事业新局面。要求2023年全国水文系统深入贯彻落实党的二十大精神，按照全国水利工作会议部署，全面加快水文现代化建设，完善水文站网，加快水文设施提档升级，构建气象卫星和测雨雷达、雨量站、水文站组成的雨水情监测"三道防线"，推动水利工程同步配套建设现代化水文设施；全力做好水旱灾害防御支撑，做实做细汛前准备，加强雨水情监测，强化

"四预"措施，强化旱情监测预测分析；积极拓展水资源水生态监测分析评价，紧紧围绕水资源管理、水生态保护，加强江河和重要控制断面、重点地区水文水资源监测分析；强化水文行业管理能力，发挥好水文在水利和经济社会发展中基础性支撑作用；持续提升水文科技创新水平，提升创新能力；持之以恒深入推进全面从严治党，加强党风廉政建设，为推动新阶段水利高质量发展提供有力支撑。

图 2-1　水利部在北京召开 2023 年水文工作会议

　　各地水文部门迅即响应，认真学习贯彻水文工作会议精神，锚定年度发展目标，结合实际研究制定各项目标任务的实施方案和具体措施，部署重点工作。河南省 3 月 16 日召开全省水文工作会议，提出要全力做好水文测报工作，加快推进水文规划与建设，深化拓展水资源、水生态监测服务，持续做好改革"后半篇文章"，着力提升水文行业能力建设，全面加强党的建设。云南省 3 月 24 日组织召开全省水文工作视频会议，强调要从发展规划、项目安排、资金支持等方面进一步增强水文事业发展保障，要在全面加强党的建设、全面加强从严治党、全面落实主业主责、全面落实发展规划、全面提升水文服务、全面加强科研和队伍建设、全面统筹发展和安全、全面加快水文现代化建设等方面埋头苦干、勇毅前行，为水利中心工作和经济社会高质量跨越式发展提供更精准、更快捷、更有效的水文服务支撑。广西壮族自治区 3 月 24 日在南宁召开全区水文工作会议，指出要以实施广西水文"双提升工程"为抓手，深入贯彻新发展理念，加快水文现代化建设进程，着力提升水文基础保障能力，要狠抓项目规划和建设、水文信息化建设、水利工程配套水文设施建设、水文科技创新，构建务实高效的现代水文管理体系，以人才队伍建设激活发展动力，以改革管理推动发展转型升级，以强化制度执行激活内生动力。湖南省 4 月 6 日在长沙召开全省水文工作会议，强调要加强水文监测预报能力建设，积极有效应对极端天气事件及其引发的严重水旱灾害风险，要促进人与自然和谐共生，在水生态文明建设中主动作为、提供有力支撑，要加强科技创新驱动，以水文自动化、数字化转型更好支撑数字孪生水利建设。湖北省 4 月 10 日召开全省水文工作会议，强调要把握水利现代化建设水文要先行的基本要求，坚持底线思维做好水文防灾减灾，回应人民群众对更多更优水利服务需求的关切，破解制约水文高质量发展的体制机制障碍，适应新时代党的建设新要求，以新理念、新举措、新作为推动水文现代化建设和高质量发展。安徽省 4 月 14 日召开全省水文工作会议，强调要紧扣防汛抗旱"耳目"、水利"尖兵"的职责定位，聚焦社会水文、智慧水文、绿色水文、创新水文、幸福水文、和谐水文"六个水文"目标，着力提升支撑保障服务社会、精准高效应对风险、行业治理统筹兼顾、长远发展科技创造、设施投入宣传引导、党建引领严格管理"六种能力"，加快推进全省水文现代化建设。

二、政策法规体系建设

1. 健全法规制度体系

水文制度体系不断健全。《四川省水文条例》于 2023 年 1 月 1 日起正式施行，四川省强化条例宣贯，开展"进机关、进社区、进学校"学法送法活动，开展水文系统制度建设"上台阶"专项行动，梳理完善各类制度 1182 项并汇编成册。广西壮族自治区推进《广西壮族自治区水文条例》修订，完成修订前期调研并申报立法计划。湖南省推动《湖南省水文条例》修订纳入 2024 年省人大调研项目。陕西省完成《陕西省地下水条例》修正初稿。山东省威海市、聊城市、滨州市和菏泽市人民政府颁布实施水文管理办法。江苏省深化水利水文共融共建，先后出台《盐城水利水文共融共建行动方案》《连云港水利水文深度融合发展实施意见（试行）》。浙江省修订洪水预警发布管理办法、水利旱情预警管理办法和主要江河洪水编号规定。安徽省出台与研究成果获奖挂钩的职级晋升办法、优秀论文评选办法等一系列激励奖励制度。江西省出台《江西省水文监测中心知识产权管理暂行办法》，编制《江西省水文法治监督操作规程》，厘清水文维权工作路径，提高基层水文执法能力。云南省推动落实省人大对《云南省水文条例》执法检查后续工作，编制《云南省水文水资源局制度汇编（2019—2023 年）》。青海省起草《青海省水情预警发布管理办法（试行）》。宁夏回族自治区深入开展《宁夏实施〈地下水管理条例〉办法》立法调研，完成办法初稿，探索开展用水权收储交易机制研究，完善用水权交易规则，优化交易流程，制定用水权收储指南，开展改革模式研究，编制《宁夏用水权改革案例集》，为用水权改革提供可借鉴经验。

截至 2023 年年底，全国有 26 个省（自治区、直辖市）制（修）订出台了水文地方性法规和政府规章（表 2-1）。

表2-1 地方水文政策法规建设情况表

省（自治区、直辖市）	行政法规		政府规章	
	名 称	出台时间	名 称	出台时间
河北	《河北省水文管理条例》	2002 年 11 月		
辽宁	《辽宁省水文条例》	2011 年 7 月		
吉林	《吉林省水文条例》	2015 年 7 月		
黑龙江			《黑龙江省水文管理办法》	2011 年 8 月
上海			《上海市水文管理办法》	2012 年 5 月

续表

省（自治区、直辖市）	行政法规		政府规章	
	名　称	出台时间	名　称	出台时间
江苏	《江苏省水文条例》	2009 年 1 月		
浙江	《浙江省水文管理条例》	2013 年 5 月		
安徽	《安徽省水文条例》	2010 年 8 月		
福建			《福建省水文管理办法》	2014 年 6 月
江西			《江西省水文管理办法》	2014 年 1 月
山东			《山东省水文管理办法》	2015 年 7 月
河南	《河南省水文条例》	2005 年 5 月		
湖北			《湖北省水文管理办法》	2010 年 5 月
湖南	《湖南省水文条例》	2006 年 9 月		
广东	《广东省水文条例》	2012 年 11 月		
广西	《广西壮族自治区水文条例》	2007 年 11 月		
重庆	《重庆市水文条例》	2009 年 9 月		
四川	《四川省水文条例》	2022 年 12 月		
贵州			《贵州省水文管理办法》	2009 年 10 月
云南	《云南省水文条例》	2010 年 3 月		
西藏			《西藏自治区水文管理办法》	2020 年 8 月
陕西	《陕西省水文条例》	2019 年 1 月		
甘肃			《甘肃省水文管理办法》	2012 年 11 月
青海			《青海省实施〈中华人民共和国水文条例〉办法》	2009 年 2 月
宁夏			《宁夏回族自治区实施〈中华人民共和国水文条例〉办法》	2022 年 9 月
新疆			《新疆维吾尔自治区水文管理办法》	2017 年 7 月

2. 强化水行政执法

全国水文系统持续推进《中华人民共和国水文条例》的贯彻落实，加强普法宣传，依法开展水文监测环境和设施保护执法、河湖执法、非法采砂暗访执法等水行政执法工作，推进水行政执法与刑事司法衔接、与检察公益诉讼协作，维护水文合法权益。黄河水利委员会（简称黄委）水文局在"世界水日""中国水周""宪法宣传周"期间，开展"送法四进"系列宣传活动，加强对涉水法律法规的普及。严格落实《黄河河道巡查报告制度》，充分运用卫星遥感、无人机、视频监控等信息化手段，组织开展日常河道巡查和定期河道巡查，对重点区域实施动态监管，全年出动人员 3000 余人次、行程超过 50000km，发现并查处影响水文监测违法行为 29 起，查处率 100%。淮河水利委员会（简称淮委）水文局将普法教育和依法治理工作纳入年度工作计划，保证工作有序开展。淮委水文监察支队定期对水文测站保护范围内影响水文监测的相关活动进行现场监督检查，依托测站视频监控系统辅以远程巡查，全年出动 24 次，出动人员 56 人次，巡查监管对象 98 个。海河水利委员会（简称海委）水文局通过日常河道监管巡查，先后处置了永定河系南邢家河水文站受恢河综合治理工程影响、大清河系都衙水文站受拒马河上游河流岸线自然生态缓冲带建设工程影响两起典型案例。松辽水利委员会（简称松辽委）水文局结合日常水文监测工作同步开展水文环境和设施保护范围巡查，全年开展执法巡查 20次、出动人员 142 余人次，巡查河道长度约 17500km，及时发现并制止违法违规行为两起。太湖流域管理局（简称太湖局）加密常态执法巡查频次，对太湖无堤段、岛屿、滩地及涉湖单位等敏感区域、重点对象、侵占毁坏水文监测设施以及在水文监测环境保护范围内从事影响水文监测的活动实行全面排查，全年开展执法巡查 98 次，出动人员 209 人次，覆盖水域面积 8992km^2、巡查河道长度 1817km，检查监管对象 129 个。

安徽省充分利用"世界水日""中国水周""安徽省水法宣传月""宪法宣传周""安徽省水文监测环境和设施保护专项整治行动"等活动，开展涉水法律法规宣传。2023 年，通过安徽省河湖安全保护专项执法行动，持续对接跟踪 69 处涉水工程建设单位，初步落实影响处理补偿项目资金 2.26 亿元；有效处置在水文监测环境保护范围内停靠船只、放置鱼罾等违法活动 6 起；筛选安徽省水文监测环境和设施保护专项整治行动中的 12 个典型案例，汇编形成《安徽省涉水工程建设影响水文监测典型案例选编》。全年出动人员 13362 人次、执法船只 177 航次，巡查河道长度 43398km、巡查湖库水域面积 268km²，巡查监管对象 303 个。

江西省在长江流域首创"水行政执法＋检察公益诉讼＋水文技术支持"协作机制，打造了推动长江经济带高质量发展"流域＋区域"协作样本。常态化开展国家基本水文测站上下游建设影响水文监测工程的检查和对水文水资源监测设施及监测环境的管护巡查，全年开展巡查 1248 次，出动人员 2793 人次，发现问题 18 起，全部依法妥善解决。

河南省强化水行政执法，完成"四片一线"工作。全年出动人员 800 余人次进行非法采砂暗访工作，完成全省 126 个国家基本水文站测验断面上下游各 10km 范围每月 2 次的暗访工作，成功解决下孤山水文站、泼河水文站、马湾水文站附近 3 起非法采砂问题。全年出动人员 90 余人次配合豫东水利工程管理局、豫北水利工程管理局、沙颍河流域管理局、陆浑水库管理局四片单位完成监督检查工作 33 项。参加全省范围河湖"清四乱"督导督查工作。成功解决新郑水文站断面破坏、淇门水文站水准点破坏等 10 余起破坏水文监测环境和设施的问题。

湖北省全年出动执法人员 444 人次、执法车 79 车次、执法船 43 船次，巡查河道长度 41440km。

广东省以《广东省水文条例》颁布实施十周年为契机，紧紧围绕"加强法治水文建设，推动水利高质量发展"主题，以"三个结合"（线上线下结合、传统媒体与新媒体结合、省市联动结合）为抓手，在校园、社区、媒体等重要阵地持续开展系列水法规宣传教育活动，被评为 2022—2023 年全省国家机关"谁执法谁普法"优秀普法工作项目。

广西壮族自治区全年出动人员 20662 人次、出动车辆 5087 次，巡查河段和水文站 660 处、巡查河道长度约 17099km，发现问题 163 个，巡查率

100%。在河湖安全保护专项执法行动中，纳入多年未解决的水文监测环境和设施保护问题线索 14 条，制定《广西水文系统受建设工程影响水文站处理工作办法》，21 处受影响水文测站得到妥善处理。

重庆市结合"守护绿水"志愿服务活动，向市民普及涉水法律法规。全年开展 5 次维权，重点实施东溪水文站、明水水文站影响测报功能维权行动，切实有效降低工程建设对水文测站影响程度。

陕西省开展全省水文监测环境和设施保护专项督查活动，全年出动人员 1169 人次、车辆 643 车次，巡查河道长度 8578km，巡查监管对象 390 个，督查协调解决保护范围内危害、破坏水文测报环境的交通建设跨河工程事件 7 起、河道治理工程事件 6 起、其他水工程事件 5 起。启动全省地下水取用水专项整治行动，全面摸清地下水取水工程取水许可办理、计量设施安装和城市公共供水管网覆盖区自备井分布情况，核查地下水取水工程的合规性。全面开展地下水超采超载治理督导评估。

甘肃省妥善处理了工程建设影响岷县、天祝、元龙、成县、红旗、碌曲等国家基本水文站水文监测问题，工程建设单位均依法办理了水行政许可审批事项。

专栏 1

三管齐下，水文专项执法行动落地见效

广西壮族自治区水文部门在开展的河湖安全保护专项执法行动（简称专项执法行动）中，纳入多年未解决的水文监测环境和设施保护问题线索 14 条，21 处受影响水文测站得到妥善处理。在全国河湖安全保护专项执法行动暨黄河流域水资源保护专项行动总结会上，得到水利部领导的充分肯定。

一是统筹协调高位推动，形成工作合力。自治区党委书记刘宁、人民政府主席蓝天立共同签发"河湖安全保护专项执法行动"总河长令，水利及公检法司五部门主要领导亲自挂帅，坐镇指挥。将专项执法行动纳入最严格水资源管理、河湖长制工作、水土保持目标责任制三项考核，进一步压实市县主体责任，全区各级水文部门与水利、公检法司等部门通力协作，形成自治区、市、县三级联动、同向发力的工作格局，为专项执法行动有序推进提供坚强保障。

二是瞄准靶向精准发力，推动问题整改。聚焦建设影响水文监测的工程、毁坏水文监测设施、在水文监测环境保护范围内从事违法活动三类突出问题，及时会同市、县水利部门核实查处，靶向施治，跟踪监督。对违法行为轻微、能够及时整改的问题，通过责令整改、限期拆除、行政强制执行等多种措施，推动违法问题整治到位；对未经同意擅自在水文站上下游建设影响水文监测的工程等需要多部门协同解决的，由水利厅牵头协调，市、县水利部门会同水文部门联合河长办负责具体落实，条块联合、同题共答，实现清单销号。

三是依法行政强化保障，形成长效机制。做实案件查办"后半篇"文章，总结提炼执法经验，制定《广西水文系统水文测站受建设工程影响处理工作办法》，创新提出"4267333"处理机制（4项处理原则、2项工作机制、6项影响内容、7个工作环节、3种建设方式、3个工作方案、3份工作协议），为应对处置提供指南；突出水文监测设施保护、水文文化宣传、洪水干旱预报预警等内容，稳步推进《广西壮族自治区水文条例》修订，以法治之力护航广西水文事业长远可持续发展。

3.优化政务服务

水利部水文司编制完成"外国组织或个人在华从事水文活动审批""国家

基本水文测站设立和调整审批""国家基本水文站上下游建设影响水文监测的工程审批""专用水文测站设立、撤销审批"4项水文相关行政许可事项办事指南和工作细则，在国家政务服务平台和水利部政务服务审批系统发布。编制印发《水文水资源调查评价单位水平评价事中事后监管实施方案（试行）》。受理完成长江水利委员会（简称长江委）、江西省和青海省共3件国家基本水文测站设立和调整行政许可事项，完成2023年度国家基本水文测站设立和调整、水文水资源调查评价单位水平评价2项监管事项事中事后监管检查。海委受理完成国家基本水文站上下游建设影响水文监测的工程审批和专用水文测站设立、撤销审批各2件。珠江水利委员会（简称珠江委）受理完成"四个一"（一次申报、一本报告、一次审查、一件批文）行政许可事项30件。松辽委修订印发《松辽委行政许可办事指南及审查工作细则》。

各地积极做好优化政务服务工作。天津市编制完成《洪水影响评价许可子项国家基本水文测站上下游建设影响水文监测的工程许可事中事后监管标准化实施细则》《水文站的设立及调整事中事后监管标准化实施细则》。辽宁省起草《辽宁省水文行政许可事中事后监管实施方案（试行）》，规范事中事后监管工作流程。黑龙江省完成水文相关行政许可事项工作流程设置工作。上海市依据水利行政许可事项实施规范，完成水文相关行政许可实施规范、办事指南编制、网上申报和系统展示等，强化水文信息共享与服务，完善"一网通办"公共服务事项清单。浙江省通过"浙里办"政务服务窗口，做好政务服务增值化改革工作，全年为企事业单位、高校、科研机构、个人提供水文资料查阅、使用服务134次，数据480万组。安徽省将国家基本水文测站上下游建设影响水文监测的工程审批办理时限由10个工作日减少到8个工作日，国家基本水文测站设立和调整审批和专用水文测站设立、撤销审批办理时限由10个工作日减少到4个工作日，压缩审批时限，提升办事效率；持续优化营商环境，编制水文行政审批事项报告书示范文本，供企业免费使用；通过安徽政务服务网

"在线办理"，让"数据多跑路，群众少跑腿"，实现"不见面"送达。江西省通过省政务共享平台，实现 3300 余处降水量站、900 余处水位站数据接入了赣服通。重庆市将水文行政审批事项办理时限从 15 个工作日缩短到 5 个工作日。四川省将水文行政审批事项办理时限从 20 个工作日缩短到 5 个工作日，将国家基本水文测站设立和调整审批、专用水文测站设立、撤销审批事项纳入全省通办，实现省内"就近交件、就近取件"。青海省按照信用信息"双公示"要求，在审批完成后 7 个工作日内向"信用中国（青海）"网站报送水文测站审批信息，及时率和准确率均为 100%。宁夏回族自治区首次组织开展"水文政务服务质量提升"主题活动，全面提升政务服务质量。

三、机构改革与体制机制

1. 水文体制机制建设

水文体制机制改革持续深化。长江委水文局长江口风暴潮中心"三定"规定获批，将为持续强化长江水文职能、保障长江口地区供水安全奠定坚实基础。珠江委挂牌成立、成功运行红水河珍稀鱼类保育中心，为全国首个且唯一由政府搭建、企业参与、梯级运营、流域管理的流域性水生态保护机构；江门中心站更名为大湾区水文水资源中心、百色水库中心站更名西江水文水资源中心、长治中心站更名为东江韩江水文水资源中心，以有力有效支撑服务大湾区、珠江—西江经济带、环北部湾经济圈的建设。

黑龙江省增设鹤岗、双鸭山和七台河 3 个地市水文分中心，实现地市行政区划水文机构全覆盖。江苏省"强中心、延基层、重服务"取得新成效，持续打造苏州昆山水文县级中心全国样板，水文服务站挂牌成立，打通区镇级水文服务"最后一公里"。广东省惠州水文分局下属的东莞水文测报中心，于 2023 年 2 月 1 日加挂"东莞市水文局"牌子，广东省实现地市水文机构双重管理全覆盖。广西壮族自治区持续深化水文基层管理改革，充分发挥县域水文中心站预警预报职能。海南省打造水文现代化试验区，与珠江委水文局签订框架合作协议，正式挂牌成立"海南自由贸易港水文监测能力现代化建设协调办公室"；探索合作共建新模式，与临高县政府、海南省水利灌区管理局大广坝灌区管理分局建立联动机制，充分发挥临城、罗带中心站的服务功能，实现资源共建共管共享；北部水文水资源勘测大队正式挂牌，成立继东部水文水资源勘测大队后第二个站队结合优化提档试点。四川省把建设现代化水文站网和水文监测体系等工作列入四川省委省政府《关于进一步加强水利工程建设保障经济社会高质量发展的意见》，实行高位推动；建立水资源督查机制，2023 年 5 月在全国率先开展水资源督察，组成以地区水文中心主要负责人为组长的水资源督察组，试点开展成都等 5 个市州水资源督察工作，督察相关点位 265 个，督察反馈问题 128 个，发放提示函 11 份，向水行政执法部门移交涉嫌违法线索 262 条，有力支撑水资源与节约用水监督检查。西藏自治区深入推进机构改革工作，调整优化自治区水文局、5 个内设机构、5 个直属事业单位、7 个地（市）水文分局的职能配置。陕西省推进榆林水文水资源勘测中心、榆林市水利信息与水文勘测中心省市共建共管。

　　截至 2023 年年底，全国水文部门共设有地市级水文机构 302 个，其中，实行水文双重管理的 131 个，山东、河南、湖南、广东、广西、云南等省（自治区）地市级水文机构全部实现双重管理。全国有 18 个省（自治区、直辖市）共设立 652 个县级水文机构，其中，实行水文双重管理的 335 个。全国有 1 个省级水文机构——辽宁省水文局为正厅级单位，内蒙古、吉林、黑龙江、浙江、安徽、江西、山东、湖北、湖南、广东、广西、四川、贵州、云南、新疆等 15 个省级水文机构为副厅级单位或配备副厅级领导干部，23 个省（自治区）地市级水文机构为正处级或副处级单位。地市级和县级行政区划水文机构设置情况见表 2-2。

表2-2　地市级和县级行政区划水文机构设置情况

省（自治区、直辖市）	已设立地市级水文机构的地市		已设立县级水文机构的区县	
	水文机构数量	名　称	水文机构数量	名　称
北京			5	朝阳区、顺义区、大兴区、丰台区、昌平区
天津			4	滨海新区（东丽区）、津南区（西青区、静海县）、天津市中心城区（北辰区、武清区）、宝坻区（蓟县、宁河县）
河北	11	石家庄市、保定市、邢台市、邯郸市、沧州市、衡水市、承德市、张家口市、唐山市、秦皇岛市、廊坊市	35	涉县、平山县、井陉县、崇礼县、邯山区、永年县、巨鹿县、临城县、邢台市桥东区、正定县、石家庄市桥西区、阜平县、易县、雄县、唐县、保定市竞秀区、衡水市桃城区、深州市、沧州市运河区、献县、黄骅市、三河市、廊坊市广阳区、唐山市开平区、滦州市、玉田县、昌黎县、秦皇岛市北戴河区、张北县、怀安县、张家口市桥东区、围场县、宽城县、兴隆县、丰宁县
山西	9	太原市、大同市（朔州市）、阳泉市、长治市（晋城市）、忻州市、吕梁市、晋中市、临汾市、运城市		
内蒙古	11	呼和浩特市、包头市、呼伦贝尔市、兴安盟、通辽市、赤峰市、锡林郭勒盟、乌兰察布市、鄂尔多斯市、阿拉善盟（乌海市）、巴彦淖尔市		
辽宁	14	沈阳市、大连市、鞍山市、抚顺市、本溪市、丹东市、锦州市、营口市、阜新市、辽阳市、铁岭市、朝阳市、盘锦市、葫芦岛市	12	台安县、桓仁县、彰武县、海城市、盘山县、大洼县、盘锦市双台子区、盘锦市兴隆台区、喀左县、大石桥市、宽甸满族自治县、黑山县
吉林	9	长春市、吉林市、延边市、四平市、通化市、白城市、辽源市、松原市、白山市		
黑龙江	13	哈尔滨市、齐齐哈尔市、牡丹江市、佳木斯市、双鸭山市、七台河市、鹤岗市、大庆市、鸡西市、伊春市、黑河市、绥化市、大兴安岭地区		
上海			9	浦东新区、奉贤区、金山区、松江区、闵行区、青浦区、嘉定区、宝山区、崇明县

省（自治区、直辖市）	已设立地市级水文机构的地市		已设立县级水文机构的区县	
	水文机构数量	名 称	水文机构数量	名 称
江苏	13	南京市、无锡市、徐州市、常州市、苏州市、南通市、连云港市、淮安市、盐城市、扬州市、镇江市、泰州市、宿迁市	44	高淳市、丹阳市、昆山市、常熟市、南京市城区、南京市江北新区、苏州市城区、淮安市城区、南通市城区、镇江市城区、台州市城区、无锡市城区、徐州市城区、常州市城区、连云港市城区、盐城市城区、扬州市城区、宿迁市城区、张家港市、太仓市、盱眙县（金湖县）、涟水县、海安市（如皋市）、如东县（启东市、海门区）、句容市、兴化市、宜兴市、江阴市、新沂市、睢宁县、邳州市、沛县、丰县、溧阳市、金坛市、赣榆县、东海县、阜宁县（射阳县）、响水县（滨海县）、大丰市（东台市）、仪征市、高邮市（宝应县）、沭阳县、泗洪县（泗阳县）
浙江	11	杭州市、嘉兴市、湖州市、宁波市、绍兴市、台州市、温州市、丽水市、金华市、衢州市、舟山市	71	余杭区、临安区、萧山区、建德市、富阳市、桐庐县、淳安县、鄞州区、镇海区、北仑区、奉化市、余姚市、慈溪市、宁海县、象山县、瓯海区、龙湾县、瑞安市、苍南县、平阳县、文成县、永嘉县、乐清市、洞头县、泰顺县、德清县、长兴县、安吉县、秀洲区、南湖区、海宁市、海盐县、平湖市、桐乡市、嘉善县、柯桥区、嵊州市、新昌县、上虞市、诸暨市、义乌市、永康市、东阳市、浦江县、武义县、磐安县、江山市、常山县、开化县、龙游县、定海区、普陀区、岱山县、嵊泗县、临海市、三门县、天台县、仙居县、黄岩区、温岭市、玉环县、莲都区、缙云县、庆元县、青田县、云和县、龙泉市、遂昌县、松阳县、景宁县、海曙区
安徽	10	阜阳市（亳州市）、宿州市（淮北市）、滁州市、蚌埠市（淮南市）、合肥市、六安市、马鞍山市、安庆市（池州市）、芜湖市（宣城市、铜陵市）、黄山市		
福建	9	抚州市、厦门市、宁德市、莆田市、泉州市、漳州市、龙岩市、三明市、南平市	38	福州市晋安区、永泰县、闽清县、闽侯县、福安市、古田县、屏南县、莆田市城厢区、仙游县、南安市、德化县、安溪县、漳州市芗城区、平和县、长泰县、龙海市、诏安县、龙岩市新罗区、长汀县、上杭县、漳平市、永定县、永安市、沙县、建宁县、宁化县、将乐县、大田县、尤溪县、南平市延平区、邵武市、顺昌县、建瓯市、建阳市、武夷山市、松溪县、政和县、浦城县
江西	7	上饶市（景德镇市、鹰潭市）、南昌市、抚州市、吉安市、赣州市、宜春市（萍乡市、新余市）、九江市	2	彭泽县、湖口县

续表

省（自治区、直辖市）	已设立地市级水文机构的地市		已设立县级水文机构的区县	
	水文机构数量	名　称	水文机构数量	名　称
山东	16	滨州市、枣庄市、潍坊市、德州市、淄博市、聊城市、济宁市、烟台市、临沂市、菏泽市、泰安市、青岛市、济南市、威海市、日照市、东营市	75	济南市城区、历城区（章丘区）、长清区（平阴区）、济阳区、商河县、青岛市城区、西海岸新区、胶州市、青岛市即墨区、平度市、莱西市、淄博市张店区（周村区、临淄区）、淄博市博山区（淄川区）、高青县（桓台县）、沂源县、枣庄市薛城区、枣庄市台儿庄区、枣庄市山亭区、滕州市、东营市东营区（垦利区）、东营市河口区（利津县）、广饶县、烟台开发区、烟台市牟平区（莱山区）、龙口市、烟台市莱阳区（海阳市）、蓬莱市（长岛县）、招远市（莱州市）、潍坊市奎文区、诸城市、寿光市（青州市）、安丘市（昌乐县）、昌邑市（高密市）、临朐县、济宁市任城区、邹城市（微山县）、金乡县（鱼台县）、嘉祥县（梁山县）、汶上县（兖州区）、泗水县（曲阜市）、泰安市泰山区（岱岳区）、新泰市、肥城市（宁阳县）、东平县、威海市文登区（环翠区）、荣成市、乳山市、日照市东港区（岚山区）、五莲县、莒县、莱城、雪野旅游区、临沂经开区、沂南县（沂水县）、兰陵县、费县（平邑县）、莒南县（临沭县、临港区）、蒙阴县、武城县（德城区、夏津县）、乐陵市（庆云县、宁津县）、临邑县（陵城区、平原县）、齐河县（禹城市）、聊城市东昌府区、莘县（阳谷县）、东阿县（茌平县）、冠县（临清西部）、高唐县（临清东部）、滨州市滨城区（博兴县）、阳信县（无棣县、沾化区）、邹平市（惠民县）、菏泽市牡丹区（东明县）、菏泽市定陶区（曹县）、单县、巨野县（成武县）、郓城县（鄄城县）
河南	18	洛阳市、南阳市、信阳市、驻马店市、平顶山市、漯河市、周口市、许昌市、郑州市、濮阳市、安阳市、商丘市、开封市、新乡市、三门峡市、济源市、焦作市、鹤壁市	52	郑州市市辖区（新郑市、新密市、中牟县、荥阳市、巩义市）、登封市、开封市市辖区（尉氏县）、杞县（通许县）、洛阳市市辖区（孟津县、伊川县、偃师市、新安县）、汝阳县（嵩县）、平顶山市市辖区（叶县）、汝州市（郏县、宝丰县）、舞钢市、鲁山县、安阳市市辖区（汤阴县、内黄县）、林州市、鹤壁市市辖区（淇县）、浚县、新乡市市辖区（获嘉县）、卫辉市、长垣县、焦作市市辖区、泌阳县、濮阳市市辖区、南乐县（清丰县）、范县（台前县）、许昌市市辖区（长葛市、襄城县、禹州市）、漯河市市辖区、舞阳县、临颍县、三门峡市市辖区（陕县、渑池县、义马市）、灵宝市、商丘市市辖区（虞城县、夏邑县、民权县）、永城市、柘城县（睢县、宁陵县）、周口市市辖区（西华县、商水县、淮阳县）、鹿邑县、沈丘县（项城市）、太康县（扶沟县）、驻马店市市辖区（遂平县）、新蔡县、上蔡县（西平县）、确山县（正阳县）、汝南县、南阳市市辖区（镇平县、社旗县、方城县）、邓州市（新野县）、南召县、西峡县（淅川县）、内乡县、唐河县（桐柏县）、信阳市市辖区、固始县（商城县）、潢川县（淮滨县、光山县）、新县、息县（罗山县）、济源市

续表

省（自治区、直辖市）	已设立地市级水文机构的地市		已设立县级水文机构的区县	
	水文机构数量	名　称	水文机构数量	名　称
湖北	17	武汉市、黄石市、襄阳市、鄂州市、十堰市、荆州市、宜昌市、黄冈市、孝感市、咸宁市、随州市、荆门市、恩施土家族苗族自治州、潜江市、天门市、仙桃市、神农架林区	53	阳新县、房县、竹山县、宜昌市夷陵区、当阳市、远安县、五峰土家族自治县、宜都市、枝江市、枣阳市、保康县、南漳县、谷城市、红安县、麻城市、团风县、武汉市新洲区、罗田县、浠水县、蕲春县、黄梅县、英山县、武穴市、大梧县、应城市、安陆市、通山县、咸丰县、随县、广水市、孝昌县、云梦县、兴山县、崇阳县、咸宁市咸安区、通城县、随州市曾都区、洪湖市、松滋市、公安县、江陵县、监利县、荆州市荆州区、荆州市沙市区、石首市、丹江口市、钟祥市、京山县、汉川市、孝感市孝南区、武汉市黄陂区、恩施市、黄冈市黄州区
湖南	14	株洲市、张家界市、郴州市、长沙市、岳阳市、怀化市、湘潭市、常德市、永州市、益阳市、娄底市、衡阳市、邵阳市、湘西土家族苗族自治州	83	湘乡市、双牌县、蓝山县、醴陵县、临澧县、桑植县、祁阳县、桃源县、凤凰县、浏阳市、永顺县、安仁县、宁乡县、石门县、新宁县、保靖县、桂阳县、隆回县、泸溪县、嘉禾县、安化县、溆浦县、江永县、邵阳县、衡山县、桃江县、永州市冷水滩区、芷江县、吉首市、津市市、慈利县、南县、麻阳苗族自治县、澧县、攸县、炎陵县、耒阳市、冷水江市、双峰县、洞口县、沅陵县、会同县、道县、平江县、桂东县、常宁市、湘阴县、长沙市城区、长沙县、通道侗族自治县、娄底市城区、涟源市、新化县、龙山县、武陵源区、衡阳市城区、邵阳市城区、衡东县、祁东县、绥宁县、江华县、新田县、宁远县、郴州市城区、资兴市、临武县、怀化市城区、新晃侗族自治县、永定区、益阳市城区、临湘市、常德市城区、湘潭县、湘潭市城区、岳阳市城区、株洲市城区、南岳区、汉寿县、衡阳县、衡南县、洪江市、武冈市、邵东县
广东	12	广州市、惠州市（东莞市、河源市）、肇庆市（云浮市）、韶关市、汕头市（潮州市、揭阳市、汕尾市）、佛山市（珠海市、中山市）、江门市（阳江市）、梅州市、湛江市、茂名市、清远市、深圳市	49	番禺区、增城区、黄埔区、从化区、南沙区、顺德区、三水区、高明区、斗门区、香洲区、湘桥区、揭西县、惠来县、陆丰市、乐昌市、浈江区、仁化县、翁源县、新丰县、惠东县、博罗县、龙门县、紫金县、东源县、龙川县、高要区、怀集县、封开县、四会市、新兴县、梅县区、大埔县、蕉岭县、五华县、兴宁市、开平市、新会区、江城区、阳春市、吴川市、雷州市、廉江市、化州市、高州市、信宜市、清城区、英德市、连州市、阳山县

续表

省（自治区、直辖市）	已设立地市级水文机构的地市		已设立县级水文机构的区县	
	水文机构数量	名　称	水文机构数量	名　称
广西	12	钦州市（北海市、防城港市）、贵港市、梧州市、百色市、玉林市、河池市、桂林市、南宁市、柳州市、来宾市、贺州市、崇左市	77	南宁市城区、武鸣区、上林县、隆安县、横县、宾阳县、马山县、柳州市城区、柳城县、鹿寨县、三江县、融水县、融安县、桂林市城区、临桂区、全州县、兴安县、灌阳县、资源县、灵川县、龙胜县、阳朔县、恭城县、平乐县、荔浦县、永福县、梧州市城区、藤县、岑溪市、蒙山县、钦州市城区、钦北区、浦北县、灵山县、北海市城区、合浦县、防城港市城区、东兴市、上思县、贵港市城区、桂平市、平南县、玉林市城区（兴业县）、容县、北流市、博白县、陆川县、百色市城区（田阳县）、凌云县、田林县、西林县、隆林县、靖西市（德保县）、那坡县、田东县（平果县）、贺州市城区（钟山县）、昭平县、富川县、河池市城区、河池市宜州区、南丹县、天峨县、东兰县、凤山县、罗城仫佬族自治县、都安县（大化县）、巴马县、环江县、来宾市城区（合山市）、忻城县、象州县（金秀县）、武宣县、崇左市城区、龙州县（凭祥市）、大新县、宁明县、扶绥县
重庆			39	渝中区、江北区、南岸区、沙坪坝区、九龙坡区、大渡口区、渝北区、巴南区、北碚区、万州区、黔江区、永川区、涪陵区、长寿区、江津区、合川区、万盛区、南川区、荣昌区、大足县、璧山县、铜梁县、潼南县、綦江县、开县、云阳县、梁平县、垫江县、忠县、丰都县、奉节县、巫山县、巫溪县、城口县、武隆县、石柱县、秀山县、酉阳县、彭水县
四川	21	成都市、德阳市、绵阳市、内江市、南充市、达州市、雅安市、阿坝藏族羌族自治州、凉山彝族自治州、眉山市、广元市、遂宁市、宜宾市、泸州市、广安市、巴中市、甘孜市、乐山市、攀枝花市、自贡市、资阳市		
贵州	9	贵阳市、遵义市、安顺市、毕节市、铜仁市、黔东南苗族侗族自治州、黔南布依族苗族自治州、黔西南布依族苗族自治州、六盘水市		

续表

省（自治区、直辖市）	已设立地市级水文机构的地市		已设立县级水文机构的区县	
	水文机构数量	名　称	水文机构数量	名　称
云南	14	曲靖市、玉溪市、楚雄彝族自治州、普洱市、西双版纳傣族自治州、昆明市、红河哈尼族彝族自治州、德宏傣族景颇族自治州、昭通市、丽江市、大理白族自治州（怒江傈僳族自治州、迪庆藏族自治州）、文山壮族苗族州、保山市、临沧市	1	昌宁县
西藏	7	阿里地区、林芝地区、日喀则地区、山南地区、拉萨市、那曲地区、昌都地区		
陕西	10	西安市、榆林市、延安市、渭南市、铜川市、咸阳市、宝鸡市、汉中市、安康市、商洛市	3	志丹县、华阴市、韩城市
甘肃	10	白银市（定西市）、嘉峪关市（酒泉市）、张掖市、武威市（金昌市）、天水市、平凉市、庆阳市、陇南市、兰州市、临夏回族自治州（甘南藏族自治州）		
青海	6	西宁市、海东市（黄南藏族自治州）、玉树藏族自治州、海南藏族自治州（海北藏族自治州）、海西蒙古族藏族自治州		
宁夏	5	银川市、石嘴山市、吴忠市、固原市、中卫市		
新疆	14	乌鲁木齐市、石河子市、吐鲁番地区、哈密地区、和田地区、阿克苏地区、喀什地区、塔城地区、阿勒泰地区、克孜勒苏柯尔克孜自治州、巴音郭楞蒙古自治州、昌吉回族自治州、博尔塔拉蒙古自治州、伊犁哈萨克自治州		
合计	302		652	

2. 政府购买服务实践

各地水文部门积极推动社会力量参与水文工作，在水文监测辅助业务、水文设施维修养护、业务信息系统和资料管理、用人用工管理等方面，持续推进水文业务政府购买服务。浙江省全年购买水文测站设施维修养护、中小河流水文站及专用站的水文测报业务、水质采样及检测业务、水位和雨量人工观测等服务经费 8133 万元。安徽省 2023 年预算批复政府购买服务项目 31 项，包含水质自动监测站运行维护等，预算总金额 3072.1 万元，签订合同累计金额 2985.61 万元。江西省 2023 年通过政府购买服务投入运维资金约 2600 万元，全年购买服务运维站点 2700 余处，开展遥测站点、水文缆道、通信保障等水文测报设施设备运行维护；全年购买服务用人用工约 235 人，开展巡测站点的看管维护、辅助测验及中心和监测大队的后勤保障工作。山东省通过政府采购平台以续签合同方式确定政府购买服务项目承接主体，签订合同总额 6076.89 万元，购买专用站点运行维护和监测服务，全年购买服务站点 5361 处，常驻服务人员 522 名。云南省按照《云南省政府集中采购目录及标准》要求，办理政府采购 187 项，签订合同金额 843.72 万元。新疆维吾尔自治区按照自治区水利厅政府购买服务指导目录，将法律咨询、审计服务、信息化服务、物业服务及其他辅助性服务等纳入政府购买服务范围，购买地方史志编撰、法律咨询等服务。

四、水文经费投入

2023 年，各级水文部门积极筹措申请水文经费，中央和地方政府对水文投入力度持续增加，加速水文现代化建设进程。

按 2023 年度实际支出金额统计，全国水文经费投入总额 1233138 万元，较上一年增加 44760 万元，主要是基建投入大幅增加。其中：事业费 942487 万元、基建费 265441 万元、外部门专项任务费等其他经费 25210 万元（图 2-2）。

在投入总额中，中央投资 284082 万元，约占 23%，较上一年增加 27557 万元，地方投资 949056 万元，约占 77%，较上一年增加 17203 万元。2013 年以来全国水文经费统计见图 2-3。

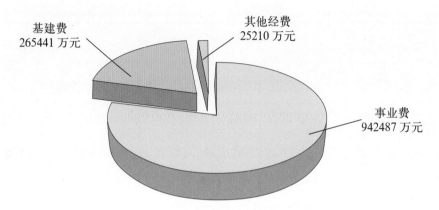

图 2-2　2023 年全国水文经费总额构成图

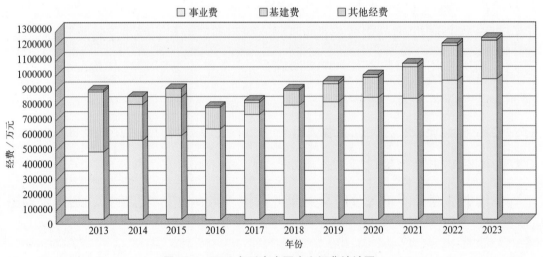

图 2-3　2013 年以来全国水文经费统计图

全国水文事业费 942487 万元，较上一年增加 7126 万元。其中，中央水文事业费投入 107989 万元，较上一年增加 5323 万元；地方水文事业费投入 834498 万元，较上一年增加 1803 万元。

全国水文基本建设投入 265441 万元，较上一年增加 30724 万元。其中，中央水文基本建设投入 176093 万元，较上一年增加 22234 万元；地方水文基本建设投入 89348 万元，较上一年增加 8490 万元。

五、国际交流与合作

2023 年，我国在国际河流水文工作交流与合作中取得显著成绩。水利部水文司组织召开国际河流水文工作会议，总结交流国际河流水文工作情况，分析面临的新形势新任务，研究部署下一阶段重点工作。完成国际河流水文报汛及资料交换工作，组织各地水文部门按照有关报汛协议，准时向有关国家报送和接收水文报汛信息，2023 年全年共向有关国家和国际组织报送水文信息约 27 万条。组织修订中俄、中印、中越等水文报汛协议或信息交换协议及实施方案等，为协议到期后报汛工作提供法律依据。圆满完成中哈边境水文站联合技术考察，与哈方就边境水文站优化新建方案达成一致意见并签署考察纪要。认真落实李国英部长调研新疆水利工作时对水文工作提出的要求，组织召开专题会议，研究和督导新疆水文部门加快边境水文站规划建设。参加中哈水文专家定期交流机制第四次会议及中哈保护和利用跨界河流联合委员会专家工作组第十八次会议，与哈方就跨界河流边境水文站建设及水文资料对比分析进行交流。成功续签《中华人民共和国水利部和越南社会主义共和国自然资源与环境部关于相互交换汛期水文资料的谅解备忘录》。

六、水文文化建设和宣传

2023 年，以习近平新时代中国特色社会主义思想为指导，全国水文系统全面贯彻落实党的二十大精神，深入学习贯彻习近平文化思想和关于治水的重要论述，围绕防汛抗旱、水资源水生态水环境监测和水文现代化建设等重点工作，持续巩固网站、电视、报刊等媒体平台，在水利部官网首页、水利部官微及中国水利报发布各类稿件 1000 余篇，联系中央媒体及地方媒体发布宣传报道 6000 余篇。同时，各地水文部门加强微信公众号建设管理；打造一批特色水文科普展览馆（厅），利用"公众开放日"等活动，通过参观展览、实验互动、沉浸式体验等形式，向社会科普水文知识、展示水文形象；积极开展一系列形式多样、主题鲜明的宣传活动，为水利高质量发展营造良好舆论氛围。

1. 宣传工作机制持续完善

水利部水文司组织召开水文宣传工作会议（图2-4）。深入学习领会习近平总书记关于文化建设和宣传思想工作的重要论述，总结工作经验，分析当前形势和任务，加快推进水文文化建设和宣传。长江委、黄委和北京、山东、湖南、广东等流域和省（直辖市）共6家水文单位作交流发言，来自中国水利报社、水利部宣传教育中心和各流域管理机构水文局、各省（自治区、直辖市）水文部门、新疆生产建设兵团水利局水文部门宣传负责人近50人参加会议。

图 2-4 水文宣传工作会议

全国水文系统健全水文宣传与水文文化建设工作制度。水利部水文司建立全国水文系统宣传成果统计季报制度，以水文工作动态信息的形式总结季度文化建设和宣传成效，印发优秀案例；印发《水利部水文司关于规范水文司网页信息报送要求的通知》，规范水利部水文司网页信息报送流程。黄委、淮委、黑龙江、浙江、山东等流域和省分别印发《水文文化建设工作思路和重点任务》《新闻宣传工作管理细则》《水文文化建设实施方案》《水文"强宣传"工作计划》《水文文化建设规划纲要》等文件，指导宣传和文化建设。天津、江苏、福建、广东等省（直辖市）健全工作机制，组建宣传班组，印发《水文宣传工作方案及考核办法》，加强宣传工作。

2. 主题策划宣传积极开展

海委和北京市、河北省积极开展海河"23·7"流域性特大洪水水文测报系列宣传，在中央媒体和水利行业媒体发布宣传报道150余篇，13人次接受中央和地方官媒采访，央视新闻直播间和新闻《零点故事》栏目均专题报道北京燕翅水文站和河北都衡水文站职工在洪水期间的典型事迹，及时、准确、生动地展现了水文工作和水文职工的风采（图2-5和图2-6）。

图 2-5 央视《零点故事》栏目宣传报道河北都衡水文站职工的典型事迹

图 2-6 中央媒体和中国水利报对"23·7"海河流域水文监测工作进行宣传报道

第一批百年水文站宣传活动形式多样，社会反响热烈。光明日报以《讲好水文故事 润泽美好生活》《枣林晚渡 守护"华北明珠"》为题讲述百年水文站发展历程；水利部官微连续推出4期百年水文站报道，最高点击量达3万+。水利部水文司组织制作《第一批百年水文站宣传片专辑》。辽宁、黑龙江、云南等省以制作宣传片和召开记者招待会等形式对百年水文站进行大力宣传（图2-7和图2-8）。

图 2-7　第一批百年水文站宣传片专辑

图 2-8　各地积极开展百年水文站宣传

广泛开展第七届全国水文勘测技能大赛系列宣传，水利部水文司网页设置专题报道，人民日报、新华社、工人日报、央广网等13家中央媒体对大赛进行广泛、深入报道，广东省制作大赛预告片、开闭幕式宣传片，以沉浸式体验的方式带领大家了解水文工作、感受水文魅力（图 2-9）。

图 2-9　开展形式多样的大赛宣传活动

3. 重点工作宣传展广泛开展

全国水文系统积极组织水文监测宣传。水利部水文司组织中国水利报社在中国水利报、中国水利网站和"中国水事"微信公众号累计发布报道及视频近250 篇次，其中《最先进的水文监测"黑科技"，都在这里！》传播量近 49 万次。北京市召开新闻发布会发布《北京城市积水内涝风险地图（2022 版）》。湖南省㮾梨水文站推进雨水情监测预报"三道防线"建设入选 2023 年水利十大治水经验候选事件。珠江委、黑龙江、江西、湖北等流域和省水生态修复人工鱼巢项目、2023 年 6 号台风"卡努"入境水文监测工作、鄱阳湖星子站 2023 年水位过程变化趋势介绍和《水文自动测报站运行维护技术规范》地方标准发布等重点工作受到央视频道关注报道。

全国水文系统积极策划水文科普宣传。水利部水文司组织"中国水利"官微编辑新媒体图文产品 32 期和水文科普动漫短视频《"报汛"那些事儿》（图 2-10），其中优秀作品推荐至水利部官方微博"水利部发布"以及人民日报客户端、今日头条客户端、澎湃新闻客户端等新媒体平台，累计点击量约 610 万次。央广总台《主持人大赛》栏目参赛选手张靓婧以《黄河"守门人"——走进龙门水文站》为题，生动讲述黄委龙门水文站的感人故事，在全国舞台展现黄河水文人时刻与黄河相伴、聆听黄河心跳、日夜为黄河把脉的大禹传人形象（图 2-11）。吉林省成功举办省内首届水文科普讲解大赛。宁夏回族自治区积极对接宁夏电视台经济频道，以访谈、互动交流采访报道方式，科普宣传"水文站为什么要建在山脚下"。

图 2-10　中国水利官微发布《"报汛"那些事儿》科普短视频

图 2-11　央广总台《主持人大赛》播出《黄河"守门人"——走进龙门水文站》

4. 宣传平台建设持续加强

黄委形成以网站、微信公众号为主的互联网＋平台，以杂志、简报、画册为主的纸媒载体，以及以展厅、电子屏、文化墙、专题片为主的影音载体等三大阵地。长江委、黑龙江、安徽、四川、宁夏等流域和省（自治区）水文微信公众号阅读浏览量均超数十万人次。湖北省、重庆市水文微信公众号浏览量较2022年增长超过50%。广东省、广西壮族自治区构建"宣传与业务双融双促双提升"新模式，通过水文微信公众号向社会公众提供方便快捷的水雨情信息（图2-12）。

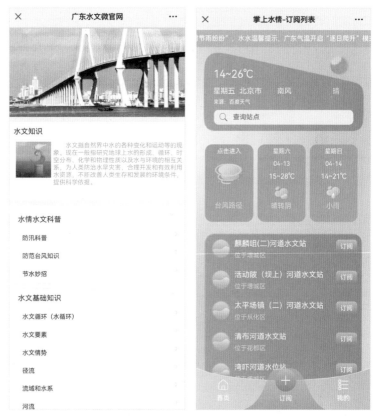

图2-12 广东"掌上水情"订阅系统

5. 水文文化建设成果丰富

长江委与重庆白鹤梁水下博物馆联合推出《千秋水文》大型展览（图2-13）；出版《三峡水文志》（图2-14）。黄委、江西省、宁夏回族自治区编辑出版《闪光的群体——黄河水文劳模精神赞》《水文知识科普读物》《宁夏水文志》。

珠江委、广东省、四川省策划制作特色水文文化产品，推出"水文侠""小川"等卡通形象，打造多元化的水文形象。山西、湖北、山东、广西等省（自治区）制作《河湖侦察兵》《明体达用 体用贯通——走好文化铸水第一方阵》《坚守》《逐梦江河》等一批宣传片（图2-15）。黑龙江省围绕"六个一"（一个精神、一首歌曲、一本著作、一本手册、一个宣传片、一个文化走廊）工程和分中心"1123"（制作1本手册、制作1个宣传片、打造2个阵地、讲好3个水文故事）建设任务，部署推进文化建设相关工作。

图2-13　《千秋水文》大型展览

图2-14　《三峡水文志》

图2-15　《明体达用 体用贯通——走好文化铸水第一方阵》宣传片

6.水文文化阵地建设积极推进

长江委水文局汉口分局、沙市分局分别入选国家和湖北省水情教育基地。黄委在兰州、花园口、泺口等水文站常态化开展"黄河水文公众开放日"活动（图2-16），吴堡水文站黄河水文文化展厅和花园口水文站治黄文化展示区功能持续完善。珠江委建成包括实体、数字孪生、珍稀鱼类和水生态科普等多元主题水文化宣传阵地，打造集水文专业知识与文化科普教育于一体的实体阵地样板。太湖局联合无锡市水利局、南京水利科学研究院（简称南科院）积极申报江苏省水情教育基地，组织水情教育宣传志愿服务活动，推动水文化宣传制度化、长效化。北京市在苏庄水文站建成教育实验基地（图2-17）。吉林省建成省内首个水文科技展览馆——大赉水文科技馆。江苏省着力打造"江苏水文科普园"，入选第二批省级水情教育基地；常州水文分局完成沙河水库水文站水情教育基地建设。浙江省完成分水江水文站水利红色基地建设。福建省建设福州平潭、龙岩上杭、南平建阳等水文展厅；印制《福建水文机构人员编制历史沿革》。山东省水文水生态环境教育基地被评为全国水情教育基地（图2-18），申报省级科普教育基地3处，地市级科普教育基地4处。新疆维吾尔自治区建设5个水文文化展览馆。

图2-16 中学生通过"黄河水文公众开放日"活动学习了解水文测报仪器设备

图 2-17 北京市苏庄水文站教育实验基地

图 2-18 山东省水文水生态环境教育基地

七、精神文明建设

2023年，全国水文系统坚持以习近平新时代中国特色社会主义思想为指导，围绕新阶段水利高质量发展目标，持续加强党的建设工作，强化基层党组织建设，以学习贯彻党的二十大精神为主线，扎实开展主题教育，不断提高政治站位。

1. 党建工作深入开展

水利部水文司以学习宣传贯彻党的二十大精神为主线，深入开展学习贯彻习近平新时代中国特色社会主义思想主题教育。通过水利部水文司党支部活动、党小组活动、集中轮训等方式深入学习贯彻党的二十大精神，教育引导广大党员增强"四个意识"、坚定"四个自信"、做到"两个维护"，推动学习提质增效。积极参加水利部党组举办的读书班、党课、党组中心组扩大学习等学习研讨。水利部水文司司长林祚顶以"凝心铸魂 走在前列 推进全面做好水文工作"为主题，为全司党员干部讲授专题党课。水利部水文司先后与北京市水文总站党支部赴焦庄户地道战遗址纪念馆、苏庄水文站开展现场学习，与水利部办公厅党支部部分党员、青年理论学习小组赴卢沟桥水文站进行党建联学，取得较好效果。开展"暖边绿境"关爱职工专项行动，会同中国农林水利气象工会积极争取中央和中华全国总工会帮扶资金，为 50 处生产、生活条件艰苦的水文站职工送去生活物资；为新疆 2 处基层水文站解决供水难题。推进年轻干部下基层接地气工作，选派一名干部到基层实践锻炼。

各地水文部门深入开展党建工作，组织开展了多种形式的研学活动。黄委开展"学习二十大 志愿新时代""青春'碳'路 共植未来""青春护河、法入社区"等活动。淮委举办"节水惜水共护母亲河"主题活动。海委在海河"23·7"流域性特大洪水期间，水文局党支部和全体党员冲锋在前，始终让党旗高高飘扬在服务洪水防御的各个岗位，充分发挥党支部战斗堡垒作用和党员先锋模范作用。内蒙古自治区开展"弘扬雷锋精神 助力文明城市创建——内蒙古水文在行动"学雷锋志愿服务活动。黑龙江省探索制定《省水文水资源中心"部门开放日"活动方案》，以主题党日为载体，深入推行"党建＋"模式。浙江省深化运用习近平总书记在浙江工作期间留给水文人的宝贵红色资源，着力打造分水江水文站"水利红色基地"。福建省充分发挥群团组织作用，持续打造"福建水文薪火志愿服务队"品牌，推进志愿服务规范化。江西省充分发挥水文行业优势举办"百个支部办百件实事"活动，开展农村饮水安全水质检测。湖北省开展"书香润水文 建功先行区"文化建设系列活动并编撰了《湖北水文文苑之七碧水东流》。广西壮族自治区开展模范机关示范单位创建，深化"一中心一品牌""一支部一特色"建设，水文基层党建"五基三化"（基本组织、基本队伍、基本活动、基本制度、基本保障，标准化、规范化、信息化）提升行动成果显著。海南省在基层测站开展"清新水文"建设行动，从精神面貌、仪器管理、工作环境3个内容切入，探索形成可复制推广的基层水文测站标准化管理"海南水文新模式"。四川省以"周调度＋提示单"的推进机制、"台账制＋清单制"的工作机制、"分片＋分类"的督导机制，一体推进主题教育50项重点措施落地见效。云南省组织开展"践行'两山'理论 守护绿水青山"主题实地调研式学习研讨，理论学用更加生动。

2. 精神文明建设成果丰硕

2023年，全国水文系统始终坚持以习近平新时代中国特色社会主义思想为指导，坚持不懈以党的创新理论凝心铸魂，强化理论武装，牢牢把握"学思想、强党性、重实践、建新功"的总要求，以主题教育为"魂"，深入推进精神文明建设，各单位结合实际，组织开展学习讨论和各具特色的调研活动，将理论学习、调查研究、推动发展、检视整改等一体推进，取得了实实在在的成效。水利部信息中心及7个流域管理机构共4个集体、30人荣获水利部"学治水重要论述、建防汛抗洪新功"专项任务记功、嘉奖。黄委龙门水文站荣获第四届"最美水利人"集体奖、花园口水文站获"全国青年安全生产示范岗"称号，海委水文局程兵峰、广西桂林水文中心莫建英荣获第四届"最美水利人"个人奖。天津市水文水资源管理中心水情科获评天津市抗洪抢险救灾先进集体，1人获评"天津市抗洪抢险救灾先进个人"。浙江省水文管理中心胡永成、水情预报部团队获选首届"最美浙江人·最美水利人"，水情预报部获护航杭州亚运会、亚残运会浙江省先进集体，中心职工田玺泽获护航杭州亚运会、亚残运会浙江省先进个人。福建省水文中心获评第六届全国文明单位。四川省水文中心被评为"四川省五一劳动奖状"，四川省水文中心团支部被评为"四川省五四红旗团支部"。西藏自治区1名职工被西藏自治区总工会授予"五一劳动奖章"。

陕西省汉中水环境分中心荣获"陕西省工人先锋号""陕西省巾帼标兵岗"称号，罗敷堡水文站站长肖小荣荣获"陕西省巾帼建功标兵"荣誉称号。

3.水文援藏援疆工作大力推进

水利部水文司深入贯彻落实水利部第十次援藏工作会议精神和全国水利援疆工作会议精神，组织协调并大力推进水文援藏和援疆工作，印发《水文对口援藏三年工作方案（2023—2025年）》《水文对口援疆工作方案（2023—2025年）》，组织各对口援藏、援疆单位开展援助工作。

2023年，水利部水文司积极指导西藏自治区、新疆维吾尔自治区和新疆生产建设兵团开展《全国水文基础设施建设"十四五"规划》内重点项目前期工作，2023年安排水文中央预算内投资约5640万元，用于支持新疆水文测站提档升级。各地水文部门按照水文对口援助工作机制开展了大量工作。长江委投入42万元用于采购帮扶物资、尼洋河洪水预报软件维护及技术培训、援助开展巴松措湖和旁多水库水生态监测等。黄委选派技术专家赴西藏开展水质监测、水文情报预报等技术交流和技能培训，帮扶资金15.87万元改造日喀则水文水资源分局水质实验台，援助新疆维吾尔自治区水文局测绘、信息采集、数据处理设备，帮扶资金10.4万元。淮委前往林芝、拉萨、那曲等地水文站进行现场调研和座谈，会同吉林省、安徽省落实那曲水文水资源分局职工之家基础设施改造帮扶资金。珠江委选派专家对拉萨河旁多、唐加、羊八井水文站和拉萨实验站等重要防御对象和冲淤变化较大河段开展岸上和水下地形测量；赠送新疆喀什水文勘测局一批声学多普勒流速剖面仪（ADCP）、流速仪，邀请喀什、巴音郭楞水文勘测局参加珠江流域水文监测技术培训及调研交流；与新疆生产建设兵团水利局在站网规划与建设、水文监测、水资源规划等方面开展合作。太湖局组织博州水文技术骨干在太湖流域开展城市水文现代化、百年水文站、水文信息化、水质水生态监测能力建设等调研考察，向新疆阿克苏地区英买力镇喀什贝希村捐赠衣物400余件（套）。辽宁省赴新疆开展"民族团结一家亲"联谊活动及水利技术交流活动。浙江省选派专家团队对来浙参加集训的新疆阿克苏水文勘测局专业技术人员开展一对一针对性训练指导。福建省协助新疆昌吉回族自治州构建"点、线、面"相结合的水利信息化管理监管体系以"智"赋能水利信息化建设。江西省开展雅鲁藏布江羊村站预报方案优化等技术帮扶工作；大力推进新疆水文信息化建设，全疆国家基本水文站共 187 处断面水情报汛自动化占比高达99.5%。山东省援疆干部黄修东被喀什地委、行政公署授予"第十批省市优秀援疆干部人才"称号。河南省、广东省派出工作组协助西藏完成重点河段河道地形测量工作。湖南省投入 30 万元帮助吐鲁番煤窑沟水文站进行提档升级改造。四川省对林芝水文水资源分局开展堰塞湖应急监测、站点布设、水质水生态技术指导与培训。

第三部分

规划与建设篇

2023年，全国水文系统按照水文现代化发展目标，加快构建雨水情监测预报"三道防线"，积极组织推进"十四五"规划项目前期工作，组织做好水文基础设施灾后重建等前期工作，做好项目储备。抓好年度投资计划执行，加强项目建设管理，深入开展水文基础设施提档升级，加快推进水文现代化建设。

一、规划和前期工作

4月，水利部水文司在辽宁沈阳召开水文规划建设工作座谈会。会议分析了水文工作面临的新形势、新任务，进一步明确了"十四五"和今后一段时期水文现代化发展目标和重点任务。水利部水文司全力组织推进水文"十四五"规划实施，开展水文"十四五"规划中期评估，总结规划实施情况、实施成效等。全面推动各地水文规划实施，跟踪督促指导加快规划项目前期工作。认真贯彻落实习近平总书记关于防汛抗洪和灾后恢复重建等有关要求，按照部党组关于加快构建雨水情监测预报"三道防线"等要求，组织编制完成《海河流域雨水情监测预报"三道防线"建设方案》。2023年年底流域管理机构实现高洪测验设施设备现代化升级改造全覆盖。

各地水文部门按照统一部署和要求，结合工作实际，加快推进列入《全国水文基础设施建设"十四五"规划》的国家基本水文测站提档升级建设、大江大河水文监测系统建设、水资源监测能力建设、水文实验站建设等项目前期工作。天津、河北、山西、内蒙古、辽宁、吉林、黑龙江、江西、山东、湖北、广西、海南、贵州、云南、青海、新疆等省（自治区、直辖市）的项目都通过了地方发展改革部门或水利部门的审批，充实了项目储备，为争取投资创造了有利条件。

水利部水文司组织做好新增国债支持灾后重建和能力提升水文项目申报审核等工作，各地水文部门积极争取增发国债水文基础设施建设投资并组织开展项目前期工作，储备了一批地方水文建设项目，25 个项目获得国债资金支持，为水文基础设施灾后恢复重建和提升防灾减灾能力争取了宝贵投资。

各地积极开展雨水情监测预报"三道防线"建设先行先试工作。湖南省瞄准小流域防御、小型水库防守两个场景扎实开展测雨雷达应用研究，实现了定时、定点、定量的雨情监测精准化服务，选定湘东暴雨区浏阳河、捞刀河流域作为测雨雷达试点建设重点区域，率先建成了 3 部测雨雷达（图 3-1），椟梨水文站构建雨水情监测预报"三道防线"获评 2023 年中国水利基层十大治水经验。河北省加快构建"三道防线"，在东茨村等 4 处水文站建设了先进的 X 波段双极化相控阵测雨雷达致洪暴雨预警先行先试应用区，测雨雷达控制总面积 1.81 万 km^2，覆盖雄安新区全境。北京市借助 9 部 X 波段雷达和 2 部 S 波段雷达组网，并通过共享气象雷达数据试点开展雷达测雨，共享整合全市水务、气象以及海委、市外省份雨量站达 1626 处，实现全市重点雨量站点全年连续自动监测。山东省将加快构建雨水情监测预报"三道防线"纳入《山东省水文现代化建设规划》中推进实施，在泰沂山脉区域新建测雨雷达 6 部，覆盖沂沭河、大汶河流域。安徽省已建成巢湖流域和大别山区共 5 部水利测雨雷达并组网试运行，在合肥董铺站开展 GNSS 面雨量监测仪试点，组织完成雨水情监测预报"二道防线"和"三道防线"建设分析及站网布设方案专题报告。贵州省在遵义市桐梓县和黔南州贵定县试点小流域建设了 2 部 X 波段测雨雷达站点。截至目前，水利系统已建水利测雨雷达 39 部，另有 34 部水利测雨雷达落实建设投资。

图 3-1　湖南省 3 部测雨雷达实景

专栏 2

积极争取增发国债项目　支撑水文基础设施灾后恢复重建和能力提升建设

2023 年，我国江河洪水多发重发，海河流域发生 60 年来最大流域性特大洪水，松花江流域部分支流发生超实测记录洪水，防汛抗洪形势异常复杂严峻。

为贯彻落实习近平总书记"两个坚持、三个转变"防灾减灾救灾理念和防洪抗灾救灾重要指示精神，2023 年，国家增发 1 万亿元国债，重点支持灾后恢复重建和提升防灾减灾能力建设。按照《水利领域增发国债项目申报指南》和增发国债项目实施工作机制要求，10 月初，水利部水文司组织水文单位提出项目清单，分省份进行沟通对接，要求完善项目建设内容和前期工作等，并上报国家发展改革委。

国家发展改革委组建增发国债项目实施工作机制，按照审核要求和筛选原则，筛选形成了国债项目清单。水文基础设施建设涉及北京、天津、河北、河南、内蒙古、辽宁、福建、山东、湖南、海南、重庆、贵州、云南、陕西、甘肃、宁夏等 16 个省（自治区、直辖市）共 25 个项目，主要包括京津冀受灾地区及部分省区的大江大河、中小河流测报能力提升及水文业务系统建设等内容，总投资 41.66 亿元，其中国债资金 31.71 亿元。

水利部水文司依据《2023 年增发国债项目管理办法》《增发 2023 年国债资金管理办法》等有关规定，严格按照下达的增发国债项目和资金额度清单等组织推动水文项目建设，切实强化项目监管，把国债项目建设成为民心工程、优质工程、廉洁工程，全力推进水文基础设施灾后恢复重建，加快完善雨水情监测预报体系，提升水文测报能力。

二、投资计划管理

2023 年，国家发展改革委和水利部下达全国水文基础设施建设中央预算内投资计划 15.89 亿元，其中中央投资 7 亿元、地方投资 8.89 亿元，总投资与 2022 年持平。安排实施 7 个流域管理机构和 16 个省（自治区）133 个项目建设，包括国家基本水文测站提档升级建设、大江大河水文监测系统建设、水资源监测能力建设、跨界河流水文站网建设、水质实验室建设等项目，新建改建雨量站、水位站、水文站 2400 处，水文监测中心 60 处。

地方水文基础设施建设投入不断加大，2023 年落实地方项目投资约 6.3 亿元。北京市 2023 年落实地方投资资金 12375.31 万元。天津市 2023 年落实 10 项地方投资资金共 3020.5 万元。河北省落实水文监控系统建设项目地方投资资金 900 万元。山西省落实水资源节约管理与保护、水旱灾害防御、省级雨涝灾害救灾等项目地方投资资金共 3705.21 万元。江苏省地方投资稳步增长，2023 年落实省市际河道断面水文监测、水文基本站达标建设等项目地方投资资金共 6655 万元。浙江省 2023 年各级水文部门推进省级水文感知体系建设，完善山洪防御监测布局、加密水位监测感知节点、完善流量监测体系，全年实际完成新建各类水文测站 539 个，合计完成水文基础设施建设投资 8700 万元。安徽省 2023 年度安排落实"三大系统"项目防汛抗旱领域应急系统（水文部分）省级投资 2535 万元，主要建设内容包括新增卫星信道雨量站 30 处、改造水位监测站点 35 处、新增雷达测雨站 2 处、购置水文应急监测设备、水文预报软件升级改造等。山东省 2023 年落实地方投资共 7319.08 万元。广东省安排地方投资共 4325 万元用于水文能力提升。广西壮族自治区落实墒情监测建设、南宁水文科技示范与研究基地、大新水文站提质改造等项目地方投资共 1346 万元。重庆市落实市级水文站自动化升级改造、区县水文现代化建设等项目地方投资共 2813.73 万元。四川省积极支持水文基础设施建设，2023 年落实建设资金共 4013.23 万元用于水文巡测基地配套设施购置、中小河流水资源监测水文能力提升等项目实施。陕西省 2023 年安排生态流量监测建设、旱情监测预警能力提升等项目地方投资共 1157 万元。

三、项目建设管理

1. 规范项目管理制度建设

各地水文部门依据国家基本建设有关制度规定和技术规程，强化项目组织管理，规范完善项目管理、财务管理、合同管理、质量管理、验收管理等规章制度，确保项目实施全过程的规范化、制度化和程序化。深入贯彻落实《水文设施工程验收管理办法》，加快项目验收，加强验收管理。

珠江委全面夯实制度建设，制修订投资计划、水文测站管理等 8 项制度。松辽委修订《松辽委水文局（信息中心）基本建设项目管理办法》，进一步加强水文基建管理能力。北京市修订《北京市水文总站项目管理办法》等 5 项制度，保证项目建设管理过程中有章可循。河北省梳理形成《河北省政府采购文件汇编》《规划建设处规章制度汇编》。浙江省出台《浙江省水文感知站点建设指南 1.0 版》，提出一批针对性的建议方案，供各地在建设过程中参考使用。安徽省制定印发《安徽省水文工程建设质量提升三年行动（2023—2025 年）实施方案》及年度实施方案。湖南省出台《湖南省水文水资源勘测中心内部控制工作手册》，规范项目政府采购管理流程。海南省出台《海南省水文工程施工转包、违法分包、出借资质等违法行为专项整治工作方案（2023 年）》。四川省编制《四川省水文基础设施"十四五"规划项目建设管理办法》，修订《四川水文标准化建设指导意见（试行）》等技术文件。宁夏回族自治区出台《水文监测设施建设技术规范》（DB64/T 1946—2023）地方标准。

2. 加强项目建设指导监督

水利部水文司加强项目建设监督和指导，印发《关于加快推进 2023 年水文基础设施工程投资计划执行的通知》，通过电话督导、视频连线周调度、印发督办函、开展约谈等多种方式，跟踪督导并加快推进投资计划执行进度。充分发挥流域管理机构在流域片水文基础设施建设中的指导和监督作用，开展动态监管、节点督办和现场监督检查，加强对水文项目全周期管理。编制印发 2023 年水文基础设施建设中央投资计划执行月报 7 期。

各地水文部门克服汛情范围广、有效工期短等众多不利因素，抓好项目法人责任制、招标投标制、建设监理制和合同管理制等四项工程管理制度的落实，采取多种措施，保障项目顺利建设实施。黄委建立招标进展、检查整改、验收准备等台账，采取座谈、约谈等方式，推动项目建设堵点、难点问题解决，开展视频远程实时管控，与现场监督互为补充，有效延伸全过程监督。珠江委强化项目法人"三控三管一协调"（进度、质量、投资控制，合同、安全、信息管理，项目法人综合组织协调）管理，建立项目全过程廉政风险防控矩阵，推进廉洁文化"三进"（进项目、进工地、进现场）。江苏省建立健全"项目法人负责、设计单位督促、监理单位控制、施工单位保证、政府部门监督"的质量管理体系。浙江省建立周简报月通报制度，在水文数字化平台上分县逐月晾晒进度，实时动态掌握全省建设进度。安徽省成立省水利工程质量监督中心站水文工程质量监督项目站。山东省积极引入第三方工程检查服务单位开展工程现场检查督导。湖南省组织各市州水文中心技术骨干交叉参与检查工作。贵州省在雨量站施工过程中采用了典型站质量控制法，明确全省雨量站点建设质量的总体要求和标准。陕西省全过程实行"项目法人负责、监理单位控制、施工单位保证及政府部门质量监督相结合"的投资管理体系。宁夏回族自治区编制印发《宁夏水文设施工程建设质量提升三年行动（2023—2025 年）工作方案》。

3. 做好项目验收管理

水利部水文司梳理统计"十四五"规划项目竣工验收情况，督促建成的水文项目抓紧组织竣工验收，保证投资切实发挥效益。

各地水文部门按照水利部《水文设施工程验收管理办法》和《水文设施工程验收规程》，结合年度建设任务和项目实施进度，认真制定项目验收工作计划，及时做好项目竣工验收准备，加快开展项目验收工作。黄委联合相关部门开展待验收项目现场核查，累计核查 80 处站点，通过现场演示、实量实测、全数清点等措施，全面提升验收工作深度和质量。珠江委历史项目验收、年度项目实施、来年项目申报三线齐推，督促项目实施单位做好项目进度、质量、投资、合同、验收管理。太湖局对在建基建项目的建设管理、质量控制和安全生产等进行了重点监督检查。广西壮族自治区开展年度投资计划执行及项目竣工验收准备工作专项督查，通报月投资计划执行情况 4 期，完成工程档案专项验收 13 个（项），工程竣工验收 14 个（项）。

四、运行维护经费落实情况

2023 年，水利部水文司组织落实中央直属单位水文测报经费 1.98 亿元、水文水资源监测项目经费 1.59 亿元。各地水文部门积极落实水文运行维护经费 89348 万元，较上一年增加 8094 万元，做好水文监测信息采集、传输、整理和水文测验设施维修检定等工作，保障水文基础设施运行管理。河北省全年落实水文运行维护工作业务经费 8731.25 万元。吉林省加大水文运行维护工作业务经费投入力度，2023 年达到 2320.19 万元。江苏省全年落实水文运行维护工作业务经费 6500 万元。浙江省全年落实水文运行维护工作业务经费 8133 万元。安徽省首次将中小河流水文监测系统运维经费列入省级财政预算，2023 年增列 1075 万元。江西省 2023 年水文监测设施设备运行维护经费再创新高达到 3880 万元。广东省 2023 年水文系统由省级财政安排部门预算运转性项目资金 11633 万元，地方财政经费投入资金 1971 万元。

五、推进水利工程配套水文设施建设情况

水利部水文司组织编制印发《水利部关于推进水利工程配套水文设施建设的指导意见》《水利工程配套水文设施建设技术指南》（图 3-2），对水利工程配套水文设施建设提出意见和技术要求。指导河北、吉林、云南、陕西、山东等省陆续出台地方实施意见和细则，持续推进政策落地见效。

图 3-2　推进水利工程配套水文设施建设有关文件

　　海委在编制完善漳河干流岳城水库至徐万仓段治理工程、漳卫新河四女寺至辛集闸段达标治理工程、漳卫新河河口治理工程 3 项工程可研报告时，将配套水文基础设施建设统筹纳入工程总体布局，配套投资合计 6767.15 万元。河北省献县泛区蓄滞洪区建设可研、国家水网规划等 18 个项目，均已配套水文设施。辽宁省落实"工程带水文"资金 1739 万元，涉及新改建站点 12 处。吉林省推进工程配套水文设施建设项目共 7 项，工程总投资 10560 万元。浙江省通过"工程 + 水文"等形式，累计在 32 个水利工程建设中落实 68 处雨量站、50 处水位站、43 处流量站的新改建资金 3982 万。安徽省组织编制《安徽省水利工程建设项目涉及水文基础设施建设内部审查要求（试行）》。福建省结合新建水利工程带动 104 处水文站建设，总投资约 4200 万元。江西省在审查水利工程项目前期工作技术文件时，将是否需要设计、建设配套水文设施等作为重要审批依据，推进水文设施与主体工程一体设计、同步实施。广东省大型堰闸、中小型水库、蓄滞洪区等共计 39 项水利工程开展了配套水文设施建设，配套建设雨量监测设施 55 处，水位监测设施 57 处。广西壮族自治区落实水利工程配套水文设施配套投资 6566 万元。四川省印发《四川省水利厅关于贯彻落实水利工程配套水文设施建设指导意见有关工作要求的通知》。云南省印发《云南省水利工程配套水文设施建设方案编制提纲和审查重点》。

第四部分

水文站网管理篇

2023 年，全国水文系统加快推进水文现代化建设，持续完善水文站网，加快构建气象卫星和测雨雷达、雨量站、水文站组成的雨水情测报"三道防线"，进一步加强水文站网管理，全国水文站网结构布局持续优化、站网密度持续提升。

一、水文站网发展

截至 2023 年年底，全国水文系统共有各类水文测站 127035 处，包括国家基本水文站 3312 处（含非水文部门管理的国家基本水文站 69 处）、专用水文站 5169 处、水位站 20633 处、雨量站 56279 处、蒸发站 9 处、地下水站 26576 处、水质站 9187 处、墒情站 5809 处、实验站 61 处。其中，向县级以上水行政主管部门报送水文信息的各类水文测站 84921 处，可发布预报站 2575 处，可发布预警站 2729 处。我国基本建成种类齐全、功能较为完善的水文站网体系，实现了对大江大河及其主要支流、有防洪任务的中小河流水文监测全覆盖，实现了对主要江河水文情势的有效控制，水文站网总体密度达到中等发达国家水平。

2023 年，国家水文站网稳步发展。国家基本水文站总数量与上一年保持一致，专用水文站 5169 处，较上一年增加 418 处。水位站 20633 处，较上一年增加 1872 处。其中，基本水位站 1137 处、专用水位站 19496 处。雨量站 56279 处，较上一年增加 2866 处。其中，基本雨量站 14820 处、专用雨量站 41459 处。主要为山西省、浙江省新增一批专用站。

地下水站 26576 处，其中，浅层地下水站 23523 处，深层地下水站 3053 处；人工监测站 8448 处，较上一年减少 610 处，自动监测站 18128 处，较上一年增加 600 处，自动化监测水平逐步提升。

水质站（地表水）9187 处，其中，人工监测站 8689 处，自动监测站 498 处。按观测项目类别统计，开展地表水、地下水水质监测的测站（断面）分别为 10277 处、9378 处。开展水生态监测的测站（断面）1135 处，较上一年增加 263 处。全国现有水质监测（分）中心 330 个。

2023 年，全国水文系统按照水文现代化发展目标，加速推进水文基础设施现代化建设，提档升级基础设施，提高新技术装备研发应用。3537 处测站配备在线测流系统，7379 处测站配备视频监控系统，在线测流系统和视频监控系统持续增配。目前，雨量、水位、墒情基本实现自动监测，43% 的水文站实现流量自动监测，68% 的地下水站实现自动监测，其中国家地下水监测工程建设的站点 100% 实现自动监测。

二、站网管理工作

1. 完善站网布局

2023 年，水利部办公厅印发《关于印发国家基本水文站名录（2023 年版）的通知》（办水文〔2023〕219 号），核定了国家基本水文站网。按照构建雨水情监测预报"三道防线"的技术要求，修订发布《水文站网规划技术导则》(SL/T 34—2023)，新增遥感监测网络、测雨雷达站布设要求等内容，根据需求增加水文站、降水量站等水文测站密度，要求国家水文站网规划应统筹考虑"天空地"监测需求，构筑气象卫星和测雨雷达、雨量站、水文站等组成的多方式、多层次、一体化水文监测体系。各地水文部门按照《水文站网规划技术导则》，加快构建现代化水文监测站网体系，持续优化完善水文站网布局。

长江委首批以探索现代化水文站创新模式，支撑长江水文"五大体系"建设为目标的城陵矶、宜昌等 7 处"三有"（有里子、有面子、有样子）水文站建设完成（图 4-1），数字孪生汉口水文站、沙市水文站正式上线。黄委兰州水文站建成为干流首个"全要素在线监测＋数字孪生"水文站。淮委以流域防洪功能、水旱灾害防御为目标，编制淮河流域防洪规划修编水文站网专题规划，规划水平年为 2035 年，按照 50km² 以上河流水系全面分析法，完善水文监测站网布局，提出水文站、水位站、雨量站、水文实验站、水文巡测基地建设和水文应急监测能力提升等 6 个方面规划任务。海委编制印发《海河流域现代化水文测站技术指南（试行）》，为建设具有海河流域特色的高标准现代化水文测站，实现要素采集全自动、监测量程全覆盖、信息传输多通道、基础设施高标准、监测成果可视化、测站管理智能化，提升流域预报、预警、预演、预案"四预"能力提供了科学依据和有效保障，指导海河流域水文测站现代化规划、设计、建设和评价等工作。珠江委南沙水文水资源监测中心、珠江河口原型观测试验站二期正式完工投入试运行，同时积

图 4-1　"三有"水文站——汉口站智慧平台正式上线

极申报各类野外科学观测研究站,基本建成由 4 个水文巡测基地、19 个珠江河口原型观测试验站、63 处流域片水文(水位)(实验)站组成的多点联动、全面布局的现代化水文站网体系。

北京市积极开展雨水情监测预报"三道防线"水利测雨雷达建设工作,规划在易发生洪水灾害的永定河流域卢沟桥水文站、白草畔和东大坨布设相控阵测雨雷达,打造覆盖官厅山峡的"云中雨"监测体系。海河"23·7"流域性特大洪水后,河北省按照应设尽设的原则,统筹全省水文站网结构、密度、功能,重点围绕监测空白区、暴雨集中来源区等重点区域和工程调度需要,对水文站网进行全面充实调整,新设水文站 120 余处、水位站 270 余处、雨量站 580 余处,构建布局合理、密度适宜、站类齐全的水文站网体系。上海市加快建设入江入海水文站网,完善水文站网"三线一面"布局。江苏省印发《江苏省水文站网规划(2022—2030 年)》,围绕太湖湖西区、里下河平原洼地和滞涝圩、淮西片易涝区、水库塘坝、引调水工程重要节点、蓄滞洪区加密补强站网,编制站网优化调整三年实施方案。福建省围绕完善洪水防御"三条防线"建设,以实现"县乡村全覆盖、库堤闸全预警"为目标,针对县乡村、中小河流、堤库工程等洪水防御重点对象,编制《福建省水文监测站点补充建设》项目可研报告,规划新建水文测站 4348 处。江西省编制完成《江西省水文站网建设需求分析报告》《江西省水文站网建设(2023—2025 年)实施方案》。云南省印发《云南省水文站网建设专项规划(2021—2035 年)》(云水规计〔2023〕9 号)。

2. 加强测站管理

10 月,水利部水文司组织召开水文站网管理工作座谈会,总结近年来水文体制机制法治建设、水文监测环境和设施保护情况、水文监测资料汇交与信息共享等站网管理工作成效经验与问题,研究下一阶段工作,各流域管理机构、各省(自治区、直辖市)和新疆生产建设兵团水文单位负责同志参会。

各地水文部门积极探索水文站网管理举措，进一步规范测站管理工作。海委明确2023年为水文局"强化水文行业管理年"，组织开展"水文大讲堂"活动，从强化水文站网管理、加强基建项目管理等8个方面持续提升水文行业管理能力。珠江委修订印发《珠江委水文水资源局水文测站管理办法》，进一步健全站网管理、基础设施建设管理体系。太湖局水文局修订印发《太湖流域管理局水文测站代码管理办法》。

北京市梳理全市水文测站及监测设施455个，覆盖河流188条，形成各类水文监测设施动态更新台账并向全市印发，完成"水文监测设施标示统一项目"标识牌和二维码的制作及安装工作。北京市水文站标准化三年行动方案圆满收官。辽宁省编制《辽宁省水文测站标准化管理办法》，从制度管理、水文监测环境管理、水文基础设施管理、水文仪器设备管理、水文测站现代化管理、测验作业管理、资料整编管理、档案管理、安全生产管理等方面提出统一标准要求。吉林省依据《吉林省国家基本水文站标准化管理评价办法（试行）》《吉林省国家基本水文站标准化管理工作实施方案》，针对第一批国家基本水文站标准化建设自评结果，开展复评，6处水文站被评为标准化水文站，水文测站管理规范化和标准化迈出了关键一步。上海市按照《上海市水文测站运行管理规程》《上海市水文总站测站运维管理方案（试行）》要求，做好水文测站设施的管理和隐患整改工作，编制水文测站运行情况报表，加强运维管理。江苏省建成水文精细化管理体系，加强《江苏水文精细化管理》宣贯，推进水文测站精细化管理评价考核全覆盖；推进非水文部门水文测站统一管理工作，编制水文资料汇交管理办法，完成2000余个专用站测站编码统一编制。浙江省深化水文测站标准化管理工作，修订印发《浙江省水文测站标准化管理评价标准》，全年完成687座国家基本水文测站的复核和10个省级标准化水文测站的评定工作；绘制215处国家基本水文测站的水文监测环境保护范围矢量图，并纳入浙江省域空间治理数字化平台"国土空间规划一张图"，筑牢水文测站的安全保障空间。安徽省出台安徽水文测站标准化管理工作实施方案、评价办法和评价标准，采取典型引路、分批推进、一站一册、定期调度等方式，推进水文测站标准化管理，首批 15 处测站标准化建设试点全部完成；基本完成国家基本水文站保护范围划界工作，全省 103 处国家基本水文站、26 处专用水文站、17 处水位站保护范围划界获地方人民政府批复，水文依法管理得到全面加强。山东省强化水文站网分级分类管理，开展全省站网普查，编制《山东省水文站网名录》，进一步摸清站网家底、统一数源；推进水文测站标准化体系建设，形成以通用规程、作业指导书、技术手册、评价标准为主要内容的"一书一册一标准"管理体系。河南省将水文基础业务"应知应会"考试纳入日常水文测站管理考核重要内容之一，提高专业技术人员学习的积极性和能动性，把业务学习融入到日常工作中。湖北省推进水文测站分类分级和精细化管理工作，拟制《湖北省水文站网分类分级技术方案》，对现有水文测站按国家级测站、省级测站和地方测站三类进行分类管理，按省和市州进行分级管理，明确不同类别测站管理责任，形成并印发水文站网分类分级方案和名录；编制《湖北省水文站网实用手册》和《测站精细化管理手册》，推出 9 处文明示范测站。广西壮族自治区印发《2023 年站网监测与水资源评价工作要点》，将 12 项站网管理工作纳入绩效考核，同时将站网管理工作指标纳入水文站网服务平台自动统计和考核，有效督促和指导全区水文站网的日常工作。四川省完成全省 178 处国家基本水文测站和 204 处专用水文测站测站考证档案编制成册工作。云南省按照《云南省水文水资源局水文科研工作三年行动方案（2023—2025 年）》，启动云南省六大流域水文站网现状调查，已初步完成基础信息调查统计，厘清各流域水文站网基本情况；修订印发《云南省水文测站规范化管理办法》，完善测站管理制度、设施设备检查维护管理制度及测验操作规程等。陕西省修订完善全省水文站网分布图，对所属水文站网信息进行全面复核形成新的站网信息名录。

专栏 3

《北京市水文站标准化建设三年行动方案（2021—2023年）》
圆满收官

进入新发展阶段，水利部提出了推进水文现代化的新要求，而实施水文站标准化是推进落实水文现代化的基础和前提，为补齐短板，精准施测，全面提高北京市水文监测综合能力，2021年，北京市水务局印发《北京市水文站标准化建设三年行动方案（2021—2023年）》，紧紧围绕加快实现水文现代化，拟利用3年时间，全面提高新形势下水文站人员素质、测验质量、管理水平，为首都经济社会发展和安全运行提供优质高效的水文支撑。

2023年是水文站标准化建设考核之年，从6月1日到11月30日，北京市水文总站全面启动全市水文站标准化达标考核工作。北京市水文总站积极对接、主动服务，加强业务交流和技术指导，深入测站一线，严格对照标准化达标考核表项，现场检查相关材料并进行预打分，及时反馈问题并加强整改措施。历时6个月，北京市水文总站完成全市113个水文站（40个驻测站、73个巡测站）的标准化考核工作，所有水文站均通过考核。

标准化改造前

标准化改造后

通州水文站标准化改造前后对比

专栏 4

创新举措，有效避免重大项目建设对水文测站的影响

浙江省针对近年来部分重大项目建设造成水文测站迁建、改建，影响水文监测连续性、稳定性的现象，主动对接省自然资源厅国土规划局，将全省范围内所有215个国家基本水文（位）站保护范围空间数据纳入浙江省域空间治理数字化平台"国土空间规划一张图"，在国土空间规划层面将水文测站纳入保护红线，在重大项目建设前期阶段就避免对水文测站的侵占。

专栏 5

着力推进国家基本水文站保护范围划界工作

截至2023年年底，安徽省已有103个国家基本水文站、26个专用水文站、17个水位站保护范围划界获地方人民政府批复，水文系统国家基本水文站完成率达96%。完成水文测站保护范围划界工作的水文站点均同步完成水文测站保护范围告示牌、界桩的埋设、安装工作。主要经验做法有：

一是加强组织领导。年初将全省基本完成国家基本水文站保护范围划界工作纳入全局重点工作内容，全力推进水文测站保护范围划定工作。

二是加强指导督办。为确保划界工作顺利推进，安徽省水文局先后召开2次推进会，要求各单位主要负责人要亲自抓，分管领导要具体抓，确保取得实效。定期调度工作进展实施情况，及时掌握工作进度，对各单位水文站保护范围划界工作推进情况进行通报，督促扎实推动划界工作。

三是加强法规宣传。结合水文日常工作，对地方人民政府、水利（务）局工作人员宣传水文法律法规，讲述水文监测环境和设施保护工作是水文监测数据的准确性、连续性、一致性的基本要求，有利于相关工作人员更好地服务地方防汛抗旱、水资源管理、涉水工程建设等工作。

四是加强沟通协调。积极与地方水行政主管部门沟通，说明水文站保护范围划界工作的重要性，对双方工作开展的积极作用。主动参与、推进批复过程中的各项法定程序，为落实水文站保护范围划界批复工作，迎难而上，克服多种不利因素，完成既定任务。

3.百年水文站认定与管理

2023年，水利部办公厅印发《关于发布第一批百年水文站名单的通知》（办水文〔2023〕188号），认定汉口等22处水文站为第一批百年水文站。水利部要求各有关单位要切实做好百年水文站及其监测资料保护，充分发挥长系列水文观测资料作用；深入挖掘其宝贵的历史和文化价值，做好水文历史遗产、水文文化、科技保护传承和展陈宣传，提高社会对水文站的认知和保护意识；统筹其发展规划和建设管理，不断提高现代化水平，充分发挥示范引领作用，更好地服务经济社会高质量发展。

天津市将第一批认定的百年水文站筐儿港水文站以及海河闸水文站、九宣闸水文站2处达百年的水文站展示提升项目纳入到2024年水文设施与仪器设备运行维护项目，提高对于百年水文站的管理与保护。河北省将以枣林庄水文站为基础的白洋淀水文实验站建设纳入相关规划。吉林省将吉林水文站纳入《吉林省水文测站及水质实验室建设工程可行性研究报告》建设计划，对其建筑物进行了专项设计，在保证水文站实现自动化和现代化的同时具有相应的特色，该项目的可研报告已通过省发展改革委审批，初步设计报告已通过吉林省水利厅审查。安徽省深入挖掘芜湖水位站水文历史文化资源，拟通过"十四五"水文能力提升建设项目，结合地方文化禀赋和水文行业特色，对现行芜湖水位自记井房进行改造，建设两层六角仿古亭，与江边观光走廊亭阁风格相匹配；对芜湖水位站老自记井遵照"不改变文物原状"的原则进行修复保护；在芜湖滨江公园建设科普、宣传等于一体的水文标志性建筑物，推动文旅融合，使百年水文站成为社会公众认知水文的窗口。山东省将台儿庄闸水文站纳入"十四五"国家基本水文测站提档升级项目，以提升测验断面整体环境，提高测验精度和现代化水平；加强古运河文化及水文知识宣传，打造"运河文化""最美水文人"等专题宣传长廊。江西省深挖水文历史底蕴和创新活力，樟树水文站试点打造"六个一流"（基础设施一流、监测手段一流、服务能力一流、管理水平一流、人才队伍一流、文化展示一流）百年水文站。

专栏 6

水利部认定发布第一批百年水文站名单

按照《百年水文站认定办法（试行）》，2023 年 7 月，水利部认定并发布汉口水文站等 22 处水文站为第一批百年水文站。百年水文站是指建立运行时间超过 100 年的，且能够长期开展观测的水文测站。除建立运行时间外，水文站累积观测资料年限、水文观测资料记录是否明确、是否按照水文标准运行等都是百年水文站的认定要求。百年水文站发展至今，已积累了长系列水文观测资料，在研究水文历史演变规律，预测未来水文情势变化，支撑水旱灾害防御、水资源配置管理、水生态环境保护等方面发挥了重要作用，对经济社会发展意义重大。

第一批百年水文站名单

水文站名称	所在地	所在河湖	申报单位
汉口水文站	湖北省武汉市	长江	长江水利委员会
城陵矶水文站	湖南省岳阳市	洞庭湖	长江水利委员会

续表

水文站名称	所在地	所在河湖	申报单位
三门峡水文站	河南省三门峡市	黄河	黄河水利委员会
杨柳青水文站	天津市西青区	子牙河	海河水利委员会
通州水文站	北京市通州区	北运河	北京市水务局
筐儿港水文站	天津市武清区	北运河	天津市水务局
枣林庄水文站	河北省沧州市	白洋淀	河北省水利厅
沈阳水文站	辽宁省沈阳市	浑河	辽宁省水利厅
吉林水文站	吉林省吉林市	松花江	吉林省水利厅
哈尔滨水文站	黑龙江省哈尔滨市	松花江	黑龙江省水利厅
南京潮位站	江苏省南京市	长江	江苏省水利厅
镇江潮位站	江苏省镇江市	长江	江苏省水利厅
拱宸桥水文站	浙江省杭州市	京杭大运河	浙江省水利厅
芜湖水位站	安徽省芜湖市	长江	安徽省水利厅
台儿庄闸水文站	山东省枣庄市	中运河	山东省水利厅
长沙水文站	湖南省长沙市	湘江	湖南省水利厅
马口水文站	广东省佛山市	西江	广东省水利厅
潮安水文站	广东省潮州市	韩江	广东省水利厅
南宁水文站	广西壮族自治区南宁市	郁江	广西壮族自治区水利厅
桂林水文站	广西壮族自治区桂林市	桂江	广西壮族自治区水利厅
都江堰水文站	四川省成都市	岷江	四川省水利厅
昆明水文站	云南省昆明市	盘龙江	云南省水利厅

汉口水文站

4. 推进水文站网管理系统建设

长江委智慧水文监测系统（WISH 系统）全面投产，其与水文资料在线整编系统、水文监测 APP 的深度融合，打破了测验、整编、汇编等环节技术壁垒，初步实现了水文监测从原始数据采集到水文年鉴生成的全流程在线一体化，提高了水文站网管理效率。珠江委推进水文站网管理系统推广应用，相关人员可以通过手机或网页端查看站点实时数据、站点管理工作情况及其他相关信息，测站管理人员可以通过手机 APP 或微信小程序完成测站的人工置数、考勤打卡以及定期的站容站貌和安全生产检查等测站管理工作。松辽委完成水文测站在线管理系统的设计和开发建设。

北京市以水文水资源集成平台为核心，构建"1+5"水文业务架构体系，即 1 个水文水资源集成平台，水文自动化系统、地下水信息管理系统、水质监测信息共享平台、水情综合业务处理系统、洪水预报系统 5 个专业模块。河北省依托河北省水文综合业务系统整合项目，初步搭建完成水文站网信息管理平台。辽宁省进一步完善水文站网管理系统中水文资料整编和站网数据管理功能。江苏省推进水文监测管理系统开发，通信传输网络向基层测站延伸，实现 330 个中心站和基层测站网络畅通，整合全省水文视频监控资源 551 个，建成推广"现地、近地、远地"水文信息展示模式。浙江省利用数字化平台全口径管理测站基础信息，加强全省近 13000 个测站基础数据的科学管理；加强站网信息对外服务，对接水利系统非水文部门的业务平台，开展水库、山洪预警遥测数据接入工作，对工程配套水文测站、监测设备关联绑定及数据正常等情况开展排查，更好地服务于水利需求。江西省依托省中小河流水文监测系统建设工程预警预报软件系统项目，开发江西省水文站网管理系统，包括站网首页、站网地图、站网查询、资料维护、站网审批、水文统计、系统管理等功能，通过与资料、监测、水情等相关业务系统的衔接，全面实现了江西省各类水文测站的站网基础数据的统一管理、统一存储、统一维护、统一发布，对站点现状、规划、设立、迁建、撤销等进行全过程管理，促进了水文站网规划、管理的科学化和规范化。湖北省试点运行湖北水文测验领域首个综合管理信息平台，实现日常测验的在线管理和原始资料的无纸化记录。为实现水文站网管理平台化、工作流程化、质量控制规范化的目标任务，云南省构建了云南数字水文架构体系，包括技术规范体系、数据管理体系、数据应用体系和数据服务体系。西藏自治区采购一套测站管理系统，主要应用于测站管理、测站考核、资料整编等三方面工作。宁夏回族自治区优化完善水文综合业务系统，建设地下水监测井运维管理模块和数字监管模块，构建水文数据传输、计算分析、质量控制、设备管理、数据共享全流程信息化业务系统。新疆维吾尔自治区推进水文综合业务管理平台建设工作，按照"集中部署、分级使用"的建设原则，基于安全认证考虑，开发了水文门户系统，集成了水情报汛系统、站网管理与资料整编系统、统一接收系统和 OA 办公系统。新疆生产建设兵团充分发挥信息化手段，结合《水文测站代码编制导则》《新疆河流水文站和雨量站编码区段划分说明》要求，以水系、河流、站类等作为站码分类依据，自主研发水文测站编码平台，目前通过平台已自动编写站点编码 612 条，录入、复核已有站点编码 1012 条，目前平台已有站点编码 1624 条，有力支撑了水文测站管理工作。

第五部分

水文监测管理篇

2023年，我国天气气候复杂，江河洪水多发重发，局地发生严重旱情，海河流域发生60年来最大流域性特大洪水，松花江流域部分支流发生超实测记录洪水。

面对严峻复杂的汛情旱情，全国水文系统深入贯彻党中央国务院领导指示批示精神，认真落实水利部党组工作部署和李国英部长"四预"工作要求，坚持"预"字当先、"实"字托底，抓实抓细"四个链条"，构筑雨水情监测预报"三道防线"，全力做好水文监测预报工作，为取得防御海河流域性特大洪水全面胜利、打赢水旱灾害防御硬仗提供坚实水文支撑。

一、水文测报管理

1. 做细做实汛前准备

水利部副部长刘伟平在2023年全国水文工作视频会议上就水旱灾害防御水文测报工作进行专门部署，要求各级水文部门牢固树立底线思维、极限思维，增强忧患意识、风险意识，全面加快水文现代化建设，加快构建雨水情监测预报"三道防线"，发挥好水文在支撑水利高质量发展中的基础性支撑作用。

2月21日，水利部水文司印发通知部署做好黄河流域开河期防凌水文测报工作。2月27日，水利部办公厅印发《关于切实做好2023年水文测报汛前准备工作的通知》，对水文测报汛前准备工作进行全面部署。3月15日，水利部召开水文工作会议，落实全国水利工作会议要求，刘伟平副部长对做好水旱灾害防御水文测报及备汛工作提出明确要求。主汛期前，水利部派出工作组专题调研黄河中游、珠江流域西江、北江和海河流域大清河系水旱灾害防御水文测报工作，督促指导地方进一步做好汛前准备，强化"四预"措施。

汛前，各地水文部门及时完善预案修编，共制修订水文测站超标准洪水预案 3448 个，查勘水文预报断面 2977 个，新制定洪水预报方案 1231 套，修编洪水预报方案 2570 套，并根据新修订的《水利部水旱灾害防御应急响应工作规程》完善水情预警发布机制，着力提升水文情报预报服务水平。

2. 加强水文测报管理

2023 年，我国暴雨洪水多发重发，全国主要江河共发生 4 次编号洪水，708 条河流发生超警以上洪水，129 条河流发生超保洪水，49 条河流发生有实测资料以来最大洪水，海河发生流域性特大洪水，其中永定河发生 1924 年以来最大洪水，大清河发生 1963 年以来最大洪水，重现期均超过 50 年。松花江发生 2023 年第 1 号洪水，干流超警历时长达 12 天；乌苏里江干流全线超警 40 天、超保 16 天。面对严峻复杂的汛情险情，全国水文系统坚持"预"字当先、"实"字托底，超前部署、精心组织、高效监测、精准预报、及时预警，为打赢防汛抗洪硬仗提供了有力支撑。

水利部水文司及时启动主汛期工作机制，印发加强主汛期水文测报工作的通知，召开全国水文测报工作视频会，安排部署主汛期特别是防汛关键期雨水情监测预报预警工作。密切跟踪雨水情变化，根据水利部信息中心发布的强降雨过程预报，及时以电话或发函等形式，对海河、松辽等流域和地方水文部门加强雨水情监测和预报预警工作进行指导督促。认真落实水利部防台风防汛专题会商会议精神，迅速行动，超前部署，跟踪监视台风"杜苏芮"北上动向，先后三次印发通知，要求各地加强会商研判，加密雨水情监测频次，提前做好应急监测准备，滚动、精细预报预警，为积极有效应对海河、松辽等流域暴雨洪水提供了有力支撑。

水利部水文司认真抓好洪水复盘总结，洪水发生后，及时组织海委、松辽委、北京、河北、吉林、黑龙江等流域和省（直辖市）水文部门复盘检视海河、松花江流域暴雨洪水过程，系统开展洪水调查，深入查找薄弱环节，梳理完善"四预"措施，为今后流域防汛抗洪、规划设计、工程建设以及水资源调度配置等提供重要的科学依据和基础支撑。组织南科院协助重庆市水文部门开展重庆万州"7·4"山洪地质灾害调查，复盘检视雨水情监测预报"三道防线"的建设现状及作用，分析研究流域产汇流及洪水预报模型在中小河流域洪水预报中的适用性。

专栏 7

海河"23·7"流域性特大洪水水文测报工作复盘经验启示

（一）坚持"预"字当先、关口前移，超前部署至关重要

一是扎实开展汛前准备。坚持早安排早部署，组织全国水文部门认真开展汛前准备工作，加强设施设备维修养护，细化完善测报方案预案，提前预置测报人员和技术装备，做好应对超标准洪水的各项准备。二是坚持主汛期工作机制。及时启动主汛期工作机制，安排部署主汛期特别是防汛关键期雨水情监测预报预警工作。三是提前部署台风防范应对工作。迅速行动，超前部署，跟踪监视台风动向，加强会商研判，加密雨水情监测频次，提前做好应急监测准备，滚动、精细预报预警。

（二）强化基础、提升能力，水文现代化建设作用突出

一是完善水文监测站网。围绕提升水文监测覆盖率，新建改建一批水文测站，发挥了重要作用。二是强化洪水在线监测能力。围绕水文监测全要素全量程全自动的发展目标，加快流量在线监测系统建设，有效提升监测效率。三是提升应急监测能力。结合海河流域应急监测

任务和需求，有针对性增配无人机、无人船、ADCP、测深仪、卫星电话等先进的应急监测和超标准洪水监测设备，流域水文应急测报能力显著增强。

（三）团结合作、协同作战，水文应急监测成效显著

一是健全联动机制。强化流域管理，充分发挥流域和地方的各自优势，加强流域应急监测力量，健全完善了海河流域水文应急监测联动机制。二是补充监测空白。在太行山、燕山山前河流设置应急巡测断面83处，在雄安新区周边布设应急巡测断面16处，建立27支145人的应急监测队伍，补充监测空白，强化"以测补报"。三是补强重要站监测。在雁翅、张坊、东茨村等重要水文站遭遇水毁、报汛困难的情况下，及时派出应急监测队支援一线，迅速开展监测，确保水文信息不中断。四是紧跟洪水演进。加强对永定河、大清河等以及洪水进入蓄滞洪区后洪水演进的跟踪监测，强化"以测补报"，充分利用无人机等技术手段，动态监测水情走势，跟踪监测洪峰位置，为各级防汛决策提供坚实水文支撑。五是强化协同驰援。协调河南、黄委水文部门千里驰援南水北调中线交叉河道、永定河、大清河等重点断面开展水文应急监测。

（四）关键时刻、冲锋在前，水文精神弥足珍贵

作为防汛抗洪的"耳目""尖兵"，水文站、基层勘测队、应急监测队干部职工闻"汛"而动、向"险"而行，风雨无阻、昼夜施测，各级党组织、党员干部充分发挥战斗堡垒和先锋模范作用，勇挑重担、冲锋在前，构筑起防汛抗洪的第一道防线，以实际行动传承弘扬水文精神。

3. 强化水文测报督查

水利部水文司会同监督司编制《2023 年水文监测督查检查工作方案》，明确检查内容、时间安排、组织形式、工作程序及要求，进一步加强对大江大河、中小河流防汛测报和华北地区河湖生态环境复苏行动水文测报工作的监管。依据《水文监测监督检查办法（试行）》和《做好统筹规范水利督查检查考核工作的实施细则（试行）》，统筹规范现场检查工作，派出 16 个检查组共 64 人次，采取"四不两直"方式现场检查了 16 个省份共 32 个地市级水文分局（中心）、128 处水文测站（含水文站、水位站、雨量站和地下水站），以"一省一单"形式，向相关省级水行政主管部门印发整改通知。建立问题整改台账，对整改情况进行滚动更新，跟踪督促整改落实。梳理分析主要问题，查找问题原因，研究改进措施，形成 2023 年督查检查考核工作总结报告。2023 年，将督查检查范围从水文站和地下水站扩展到水质实验室，督促指导水文部门水质实验室进一步完善质量管理体系，保证技术能力持续符合水质水生态资质认定条件和要求，以更好服务于水资源水环境水生态保护和治理。

4. 强化安全生产管理

水利部水文司坚持"安全第一、预防为主、综合治理"的方针，认真贯彻落实水利部《水利重大事故隐患专项排查整治 2023 行动方案》，聚焦水文监测重点领域，通过会议、通知、电话、蓝信 / 微信等方式，多措并举，督促指导地方持续加强水文监测安全生产工作。多次印发通知部署水文监测安全生产工作，要求各地切实提高思想认识、层层压紧压实责任、强化安全防范措施、加强安全教育和监督检查。在基层测站全面自查、地市级水文单位对国家基本水文站检查全覆盖的基础上，由流域和省级水文部门共派出 221 个检查组，现场抽查各类测站 2168 处，对汛前准备和安全生产工作进行监督检查，并印发整改通知，跟踪督促整改。加强关键期风险管控，在"七下八上"防汛关键期，及时召开水文测报工作视频会议，部署各地切实做好主汛期安全生产工作，强化安全责任落实和测报任务履职，细化实化各项管理措施，加强隐患排查整治，加大安全生产宣贯力度，严格执行操作规程。抓好重要节点的安全生产，印发通知部署做好重要节假日期间的安全生产工作，加强值班值守，加大隐患排查整治，强化应急处置机制。做好年度安全生产工作考核，认真梳理总结水文行业安全生产工作情况，查找问题，研提工作举措，形成安全生产工作情况报告。

二、水文应急监测

1. 开展应急监测演练

各地水文部门从应对流域性和区域性大洪水的实战角度出发，做好编制水文应急预案，加强应急监测队伍建设、增加超标洪水测验手段设备，通信信号不稳定地区配置应急通信卫星电话等应急监测基础性工作。开展水文测报应急演练 1746 场，参与人员 13637 人次；举办各类水文测报业务培训 1334 期，完成培训 16661 人次，有效强化了测报人员的实战能力和业务水平。为科学有效应对各类暴雨洪水和突发水事件积累实战经验，提升水文应急响应和应急处置能力。

长江委构建"基于预报调度一体化的'正逆向'高效互馈智能预演体系"，成功支撑"1999+"洪水（以 1999 年长江洪水为本底放大至百年一遇）防洪调度演练工作，获得水利部和长江委各级领导高度肯定。组织各水文勘测局针对流域超标洪水、流域特枯、船舶安全风险等水文应急监测场景，开展多手段多要素监测及现场应急监测等多个科目的演练 37 次。

黄委开展黄河流域应急机动测验队建设有关技术准备及项目申报工作。编制 2023 年黄河水文应急监测演练总体方案，5 月 11 日，在西霞院水库坝下河道成功开展 2023 年黄河水文应急监测演练（图 5-1）。

珠江委联合广东、广西等省（自治区）水文部门，4 月初在西江大藤峡水

图 5-1　2023 年黄河水文应急监测演练

利枢纽至高要干流河段以及区间的重要支流上开展 2023 年珠江流域超标洪水水文应急监测演练。演练使用了便携雨水情监测仪、无人机（船）等现代化水文设备，开展了水位、流量、雨量、地形、水质等多要素应急监测，首次实现了应急监测情境下水文数据的实时监测、汇集和集中展示。

松辽委在嫩江市嫩江水文站开展水文应急监测联合演练。演练中采用 GPS、全站仪、河底测量地形设备进行水位、大断面测量，利用遥控船搭载 ADCP、无人机测流系统等开展流量应急监测，通过卫星电话等设备及时将水位、流量等监测信息上传，通过演练进一步提升水文应急监测能力。

太湖局浙闽皖水文水资源监测中心联合安徽省黄山水文水资源局，4 月中旬在安徽省黄山市歙县渔梁水文站开展 2023 年水文应急监测演练，成功高效地完成了雨情应急测验、水位应急监测、标准洪水流量应急测验、堤防缺口测绘等演练内容，进一步提升流域区域协同应急监测能力。为持续深化长三角一体化示范区水文水生态协同监测工作机制，服务保障示范区水安全，5 月中旬，太湖流域水文水资源监测中心联合示范区及周边地区等 6 家水文单位，开展 2023 年长三角一体化示范区水文水生态协同应急监测演练，持续提升水文监测服务和保障能力。

新疆维吾尔自治区成立新疆水文应急监测队组织机构和南、北疆应急监测分队，并配备应急监测车及相应的应急监测设备，进一步提升应急监测能力。

2. 做好水文应急监测

按照水利部防汛专题会商会议工作部署和李国英部长、刘伟平副部长有关要求，全国水文系统立足防大汛、抗大险、救大灾，密切关注天气形势及雨水情变化，加密监测频次，提前做好应急监测准备，强化测报新技术应用，确保"测得到、测得准、报得出、报得及时"。

各地水文部门加密雨水情监测，加强主汛期值班值守，紧扣监测数据"有没有""好不好"两个关键，24小时监控测报设施设备运行，发现异常，及时修复，并根据雨水情变化趋势，加密关键时刻雨水情监测报送频次，及时启动水文测站超标准洪水测报预案，抢测洪峰、分洪水位（流量）等关键性水文信息，为洪水预报和防汛调度、抗洪抢险等提供及时可靠信息支撑。海河"23·7"流域性特大洪水造成流域内一些水文监测站测报设施受损严重，危急情况下，一线测报人员坚守测洪一线，迅即启动超标准洪水测报预案，采用电波流速仪、水面比降等应急测验方式抢测洪峰，通过卫星电话报汛，测报频次加密至一小时一报，关键时刻半小时甚至六分钟一报，千方百计保证水文信息不中断。汉江秋汛防御战中，长江委水文局领导带班，加强假期值班值守，长江委水文汉江局、中游局提前预置水文测报人员和技术装备，加密观测，强化测报设施设备运行状态监控，确保雨水情监测信息畅通；派出技术骨干作为水利部专家组成员，完成湖北省暴雨洪水防御现场工作、江西省鄱阳湖溃圩险情处置、西藏色林错险情处置和丹江口水库170m蓄水加密监测等应急监测工作，支撑地方应急抢险。汛期，7万余处报汛水文站点总体正常运行，共采集雨水情信息30亿条，时效性在20分钟以内，畅通率达到95%以上。

流域、省级和市级水文监测力量密切配合，跨区域支援，充分调用一切可用的应急资源，强化水文应急监测，累计出动应急监测15235人次，增设应急监测断面910个，补充监测空白，补强重要站监测，紧跟洪水演进，为防汛调度决策提供了重要支撑。黄委为掌握调水调沙洪水演进规律，7月7日，组织水文技术人员赴小浪底—花园口河段开展洪峰增值应急监测，为研究洪峰增值现象提供宝贵的第一手资料。7月底，海河流域水文部门第一时间启动流域水文应急监测联动机制，及时派出应急监测队伍，携带测流无人机、走航式ADCP、测流无人船、手持电波测速仪、三维激光扫描仪、双频回声数字测深仪、卫星电话等设备，全力做好流域性特大洪水应急测报工作。8月初，松辽委、黑龙江、吉林等流域和省水文部门迅速组织，统筹调度应急监测力量，增设应急监测断面，紧急更新水毁测报设备，为准确判断洪峰位置、会商研判洪水演进态势提供关键信息支撑，有效支撑了蚂蚁河、拉林河、牡丹江大洪水防御工作。江西省宜春市丰城县清丰堤、牛坑水库出现险情时，江西水文第一时间启动应急监测预案，采用无人机、无人船等先进设备高效开展应急监测及洪水调查分析，为救援抢险及圩堤合拢提供第一手资料，得到省委、省政府领导高度好评。9月1—5日，超强台风"苏拉"在广东沿海登陆，珠江委及时启动水文应急响应，迅速集结应急监测队，在台风到来前夕，分3组共15人快速驰援珠江三角洲地区抢测水文数据，在受影响区域增设3处临时潮位站、1处临时气象观测站，加密对"风、雨、潮、流"的监测范围和频次，严格执行24小时值班和领导带班制度，及时、准确地监测到了应急水文数据，为防台防汛预报预警工作提供了有力的数据支撑服务。

各地水文部门充分发挥水文优势，加强旱情监测预报，积极服务抗旱工作。面对严重气象水文干旱，长江委长江口水文局开展了大量的咸潮监测工作，为长江口地区"抗咸保供"工作提供了有力的技术支撑。云南省水文部门加密监测频次，综合土壤墒情、雨情、河道水情、地下水、九大高原湖泊蓄水等监测信息，滚动分析研判，准确预报预警，及时提出抗旱对策和建议。入夏后，内蒙古自治区出现连续高温天气，内蒙古水文部门提前部署、及早行动，加密旱情监测预报预警，及时会商研判旱情，为抗旱保供水、保农牧业生产提供有力的技术支撑。

黄委、黑龙江等流域和省水文部门积极运用新技术新设备，加强监测预报，有力支撑防凌调度。黄委充分利用无人机侦察、远程视频监控、地面巡测等全方位立体监测手段，累计行程 25850km，完成两次稳定封冻河段 26 个和 29 个固定断面的冰厚测量，报送封开河形势图 108 期，有力提高了凌情测报水平和精度。黑龙江加密监测频次，采用 GPS 追踪仪、驻站观测与沿江巡查结合的方式跟踪观测凌情变化，实时报送开江情况，牢牢把握了防凌工作主动权。

三、水文测量

1. 重点河道、湖库地形测量工作

全国水文系统全面完成 7994 处水文站大断面测量工作，积极开展重要预报断面河道地形测量，及时根据河道冲淤和河势变化情况，动态更新水位流量关系，优化完善水文水动力学模型和参数，共完成河道地形测量河段 1576 个，长度 4539km，面积 10316km^2，为数字孪生流域、防汛"四预"能力建设奠定了良好的算据基础，为水旱灾害精准防御提供了技术支撑。

长江委顺利完成 2023 年度金沙江下游梯级水电站水文泥沙监测、长江三峡工程水文泥沙观测、长江下游及汉江中下游固定断面观测、三峡后续工作长江中下游影响处理河道观测、长江中下游河道险工护岸及重点汊道分流分沙监测等重点河道、湖库观测项目。研发的激光雷达河道观测、GNSS 三维水道等新技术已正式投入应用，高精度大水深复杂地形空间多维信息监测技术研究取得新突破，建立河道数据处理集群和数据解算中心，实现海量地理空间数据高效处理。

黄委采用"空天地水一体化"测量手段开展 2023 年重点河道、湖库地形测量工作。岸上地形测量采用无人机航测技术，应用无人机搭载高分辨率相机或激光雷达采集基础数据，在嫩滩测量中得到良好应用，有效解决了测量人员

无法到达或难以到达的嫩滩区域地形测量问题；局部地形施测不到或精度不够时，采用 GNSS RTK 或全站仪进行修测和补测。水下地形测量采用加密断面法、散点法、纵断面法等，使用无人船、冲锋舟或橡皮船搭载 GNSS、单波束测深仪进行，其中，无人船搭载测深仪获取水下地形数据具有速度快、精度高等优势，为持续开展重点河道、湖库地形测量工作提供了作业依据。成果已应用于数字孪生黄河数据底板建设。

太湖局组织实施"太湖流域重点河段河道地形补测"前期项目，岸上采用了机载雷达及航空正射，形成了 DEM 和 DOM，水下采用单波束测深系统，形成了 DLG、DOM、DEM 以及横纵断面图表等成果资料。

2. 流域（片）水文测站水准高程统一测量

为有序推进水文测站统一高程测量，水利部统筹考虑各方因素，选择黄河流域（片）黄委、青海省和甘肃省有关区域作为试点先期开展。该项目 2021 年由水利部批复实施，2023 年完成试点区域剩余部分共 50 个水文测站的水准高程统一测量工作。该项目的实施，将黄河流域（片）试点区域水文测站高程基准统一到 1985 国家高程基准，从根本上解决了水文测站高程系统不统一的历史遗留问题，为水文测站提供了更准确的、具有统一国家基准的高程数据，也为黄河流域片水文测站统一高程测量工作总结出一套成熟技术路线和工作方案，积累了工作经验，起到了试点工作应有的示范带头作用，为下阶段在全国范围内推广实施打下基础。

珠江委首次实施珠江流域（片）国家基本水文测站统一高程测量，为进一步规范流域水文测验、提升流域水文数据统一性提供有力基础支撑。

四、标准体系建设与新技术研究应用

1. 加强水文标准化管理工作

水利部水文司组织完成第五届全国水文标准化技术委员会和全国水文标准

化技术委员会第四届水文仪器分技术委员会换届工作，指导召开第五届全国水文标准化技术委员会交流研讨会暨 2023 年年会、全国水文标准化技术委员会第四届水文仪器分技术委员会第一次全体会议，加强全国水文标准化技术委员会建设。

2. 加快水文技术标准制修订

水利部水文司修订发布《水文站网规划技术导则》，加快修订《水文情报预报规范》《水位观测标准》《河流流量测验规范》等标准规范，印发《冰情监测预报技术指南》《高洪水文测验新技术指南》《水利工程配套水文设施建设技术指南》《量子点光谱技术悬移质泥沙在线监测系统等 3 项新技术成果应用指南》《河湖生态补水水文监测评估技术指南》等技术指导文件，积极发挥标准的引领和指导作用。太湖流域管理局水文局（信息中心）作为牵头单位之一，承担上海市水文协会首个团体标准《无人船流量测验技术规范》编制工作，正在加快推进。

3. 加强水文计量检定管理

各地水文部门积极做好水文计量检定、认证等工作，水文业务各项工作更加标准规范。黄委组织各基层局对 RG30 雷达测速仪、雷达测速枪、电子天平、电子水准仪、全站仪、GNSS 等送交专业检定机构进行统一校测检定。珠江委积极推进水文仪器计量检定中心建设，邀请水利部南京水利水文自动化研究所（简称南自所）专家对水文局水文仪器计量检定工作进行技术指导，派出 2 人到南自所进行相关方面的考察学习。山东省水文中心水文计量工作取得新突破，主持制定的《称重式泥沙监测仪器校准规范》《土壤墒情监测仪校准规范》经山东省市场监管总局批复立项；全年完成检定校准 4447 架次仪器，同比增长 35%；取得"实验室认可证书"，率先在水利行业形成计量授权、资质认定（CMA）、实验室认可（CNAS）三体系并行格局；首次承办 2023 年中国产业计量大会"计量支撑水利高质量发展"平行论坛；参加"5·20 世界计量日"山东主会场宣传活动，现场发布"水资源精准计量支撑黄河流域生态保护和高质量发展"典型案例；在中国水利学术大会、中国水土保持学术大会，作水文计量典型交流发言；联合中国水利水电科学研究院（简称中国水科院）组织召开"流量现场校准技术交流研讨座谈会"。陕西省水环境监测中心榆林分中心通过国家计量认证水利评审组现场审查。

4. 强化新仪器新技术应用

全国水文系统围绕水文监测全要素全量程全自动的发展目标，大力推进新技术应用，抢抓汛期中高水机会，积极开展固定式 ADCP、雷达等在线测流和在线测沙系统比测率定，提升水文监测自动化水平。水利部水文司将新技术装备配备与应用纳入年度水文监测督查检查工作，督促指导各单位强化新技术装备应用，积极改进水文测报技术和手段。由长江委水文局牵头，华为、大疆等科技企业为成员的长江水文感知创新联盟在武汉正式成立（图 5-2）。

图 5-2　长江水文感知创新联盟在武汉正式成立

由水利部科技推广中心主办的第四届水文监测仪器设备推介会在武汉成功举办，115 项先进实用技术装备集中亮相。"空天地"立体感知多点突破，全感通、量子点光谱测沙仪等新技术装备进一步推广应用，光电测沙仪实测范围拓展至 $451kg/m^3$，突破同类仪器应用瓶颈。

长江委建成水文系统首个水质监测智能实验室。长江委、黄委加强量子点光谱测沙仪、光电测沙仪等设备比测应用，推进自动监测设备的国产化。海委清漳河东源芹泉水文站在海河流域性特大洪水水文监测设施水毁期间，雷达波在线测流系统发挥重要作用，自动测得洪峰流量 1700m³/s，为洪水防御工作提供了重要数据支撑。珠江委"感潮河段水文测验远程智控及信息智能融合系统"技术成果成功入选 2023 年度成熟适用水利科技成果推广清单，整合各类先进水文测验设备，大幅减少测验人力物力投入，降低野外作业安全风险，推进水文测验及信息采集现代化，不断强化新阶段水利高质量发展科技赋能，支撑新阶段水利高质量发展。南自所等单位开展水利部重大科技项目冰期河道流量在线自动监测关键技术研究。

五、水文资料管理

各地水文部门按照统一标准、统一管理、应汇尽汇、不重不漏的原则，持续强化水文资料管理。加强水文监测资料在采集、整编、汇编、年鉴刊印各工作阶段的管理，水文数据库由专人专管，并定期进行年度资料的更新、备份，严格执行相关资料的保密规定。按照资料整编"日清月结"要求，各地水文部门积极应用"水文资料在线整编系统"以及各类数据处理、质量控制等软件工具，大幅度提高了资料整编工作成效，确保按时间节点全面完成 2022 年度水文资料整编、审查、复审及年鉴汇编、验收、刊印工作。及时组织完成《全国水文统计年报》《中国河流泥沙公报》《地下水动态月报》《中国水资源质量年报》等编写、校核、出版工作。

黄委推动水文业务全流程自动化，推广水位流量关系自动定线系统、自动报汛、水文资料整汇编等软件应用，水文监测、报汛、整编、数据分析评价等全业务流程自动化水平进一步提升，2 项成果入选水利部推广目录清单；10 月，在四川广元组织举办黄河流域片水文资料整编及数据分析技术培训班，进一步提高黄河流域资料整汇编质量。松辽委修订《松辽流域片水文资料整汇编刊印补充规定》，规范水文资料整理发布要求。福建省水文资料自动整编系统建成验收，实现"省、市、测站"三级水文机构资料的实时协同共享，全省609个国家基本站、235个专用站的监测成果及质量管理全流程工作在线化。江西省首次举办水文资料整编技能竞赛，加强行业监管，主动对接有关部门，积极推进水利工程配套水文设施建设，建立健全水文资料汇交与信息共享机制。云南省构建了"水文私有云"，继续提升水文资料在线整编系统功能，自主研发的水文监测资料在线汇交系统，为全国水文监测资料汇交提供可借鉴方案；编制《水文监测资料汇交规范》《水文资料在线整编规范》2项地方标准，经云南省市场监督管理局审核批准已正式实施。

第六部分

水文情报预报篇

2023 年，我国气候极端反常，部分地区暴洪急涝、旱涝急转、情势偏重。海河流域发生流域性特大洪水，松花江部分支流发生超历史实测记录洪水，秋季洪水多发，西南、西北部分地区发生 1961 年以来最严重干旱，水旱灾害防御形势异常复杂严峻。党中央、国务院高度重视防汛抗旱工作，习近平总书记多次主持召开会议研究水利工作，亲自部署、亲自指挥防汛抗洪救灾工作，专程考察、专题研究灾后恢复重建工作。全国水文系统坚决贯彻习近平总书记重要指示精神，按照党中央、国务院决策部署，坚持人民至上、生命至上，树牢底线思维、极限思维，全力以赴支撑夺取水旱灾害防御全面胜利。

一、水情气象服务工作

1. 持续强化信息报送管理工作

2023 年，各地积极落实报汛报旱任务，强化水库信息、统计类信息以及预报成果报送，加强报送信息的质量管理，雨水情信息报送能力和信息共享总量进一步提高。各地向水利部报汛站点增至 13.4 万个，较 2022 年增加 2.5 万个，各地累计报送 1452 条河流 3141 个断面实时作业预报 36.6 万站次。长江委、黄委、松辽委、太湖局和山西、浙江、山东、河南、重庆、云南、陕西、青海等 12 个流域和省（直辖市）日常化预报成果共享率达 100%。水情信息报送再创新高，各地向水利部报送的水情信息数量较 2022 年增加 20%，松辽委、江西、广西等流域和省（自治区）报送工作综合考评成绩优良，江苏、陕西、甘肃等 9 个省份超额完成历史系列信息报送任务。小水库报汛实现新增长，各地向水利部报汛的小水库增至 4.66 万座，较 2022 年增加 3 倍，内蒙古、海南、西藏等 9 个省份实现全面共享。数字孪生水利共建共享成效明显，各地通过数字孪生流域资源共享平台共享数据、模型、知识等 6554 项 20TB 资源。雨水情分析材料日益丰富，各地向水利部报送雨水情分析材料 8993 份，其中旬、月、年等阶段性材料 447 份，材料质量明显提高。

2. 预报精细化水平和精准度提升

全国水文系统遵循暴雨洪水形成演进规律，绷紧"降雨—产流—汇流—演进"链条，精准预测预报洪水趋势。据不完全统计，2023 年，全国水文系统共发布 1452 条河流 3141 个断面实时作业预报 36.6 万站次，其中汛期（6—9 月）发布 3004 站作业预报 27.2 万次。水利部信息中心细化定量降雨预报流域单元分区，提升预报精细化水平和精准度，与流域机构通力协作，实现短期定量降雨预报由逐 6 小时细化至逐 3 小时。依托多源空间信息融合的洪水预报系统，集成完善七大流域 95 个水系单元 1296 套洪水预报方案，实时在线率定调整模型参数，融合水利部、欧洲、美国、德国、日本、中国气象局等多家数值降雨预报成果，滚动发布多模式洪水集合预报 18.87 万次，提前 5 天精准预报永定河、大清河将发生编号洪水，预判启用 6 个蓄滞洪区。在海河流域强降雨过程期间，每日人工滚动制作洪水预报 2～3 次，关键期每 2 小时滚动制作洪水预报，精准预报子牙河黄壁庄水库最大入库流量及白沟河东茨村水文站、大清河新盖房枢纽、独流减河进洪闸、卫河刘庄闸、北运河北关闸枢纽洪峰流量（水位），关键期洪水预报精度达 80.6%，较以往平均精度 65% 提高 15% 左右，为关键期防洪调度决策提供有力支撑。逐日推演海河洪水演进趋势，提前 4 天准确研判"不启用清南分洪区"供决策部署，提前 9～10 天准确预测永定河、兰沟洼等蓄滞洪区退水时间，为蓄滞洪区安全运用和堤防防守提供有力支撑。

各地基本形成汛期、盛夏、"七下八上"、秋季、今冬明春等趋势预测业务应用体系。水利部信息中心汛前组织多次水利系统雨水情预测会商，综合研判提出海河流域可能降水偏多、发生洪水概率大；提前 5 天准确预报海河流域强降雨过程，有力支撑洪水防御超前部署。长江委、黄委、湖南、山东等流域和省持续深入开展流域区域中长期洪旱趋势预测。

3. 深入开展水情预警发布

全国水文系统继续加强水情预警发布制度建设，拓展预警发布范围，强化预警信息时效性，水情预警公共服务全面推进。按照李国英部长关于精准预警的要求，通过短信、蓝信、互联网等方式自动发送预警短信 139926 条，覆盖 9356 座病险水库、23029 个责任人，有效提高预警信息直达一线的精准度和时效性。

2023 年，全国水文系统向社会发布洪水预警 1507 次，其中红色预警 41 次、橙色预警 96 次、黄色预警 349 次、蓝色预警 1021 次；发布干旱预警 51 次，其中红色预警 5 次、黄色预警 12 次、蓝色预警 34 次。湖南、河北、陕西、安徽、四川等省已开展 5 组 16 部水利测雨雷达试点应用，实现未来 1 ~ 2 小时分钟级精细化降雨预报和乡镇级临近暴雨自动预警。广西、广东、重庆等省（自治区、直辖市）全面开展中小河流洪水预警，安徽、湖南等省积极开展中小水库风险预警。

4. 积极开展抗旱工作

水利部信息中心积极推进全国旱情监测预警综合平台建设，聚焦"精准范围、精准对象、精准时间、精准措施"要求，在国家防汛抗旱指挥系统二期工程建设基础上，聚合气象、水文、墒情、地下水以及社会经济等 22 类多源信息，叠加土地利用、作物类型、灌溉能力等下垫面条件，汇集以县级行政区为单元，以易旱区为重点的 1241 个旱警水位，建成国家、省、市、县四级共用的旱情综合监测预警平台。该平台完全基于国产化环境搭建"四预"框架，具有专用的数据库和模型库，综合监测、对比分析、单指标监测、旱情校核、会商发布、系统管理等 6 大功能模块，涵盖分区分类指标筛选、旱情等级阈值率定、作物生长期及需水、灌溉农业旱情评估、咸情动态分析、远近地"三道防线"、调水线路、旱情一张图绘制等旱情综合监测评估技术，可逐周开展旱情常态化监测评估，基本实现旱情早期初步甄别，为全国旱情综合一张图的发布奠定技术基础。全国旱情预警综合平台投入应用，初步实现旱情监测评估一张图；吉林、江西、浙江等省开展县级代表站多指标干旱综合评估分析工作。

二、水情业务管理工作

1. 水情业务工作持续加强

4月，水利部召开水情工作视频会议，明确强化"全国一盘棋"思想，强化"天空地"一体化测报并加强多源信息融合分析，绷紧"四个链条"，提升"四预"能力，围绕水利高质量发展拓宽服务领域，加强科技创新，加强党建引领。8月，水利部办公厅印发《关于加快构建雨水情监测预报"三道防线"实施方案的通知》和《关于开展雨水情监测预报"三道防线"建设先行先试工作的通知》，加快构建气象卫星和测雨雷达、雨量站、水文站组成的雨水情监测预报"三道防线"，建设现代化水文监测预报体系。

2. 社会服务及时高效

2023年，各地水文部门共报送13.4万个站点实时雨水情信息11.90亿条，报送水情分析材料7716份，制作发布3141站作业预报36.61万次，累计发布气象卫星、天气雷达、测雨雷达等短临暴雨预警7161次，发布水库"一省一单"暴雨预警220期，自动发送预警短信139926条，覆盖病险水库9356座、责任人23029人，向社会公众发布水情预警1558条；在海河"23·7"流域性特大洪水和松花江区域性大洪水期间，获取12颗雷达、光学卫星遥感影像、20架次无人机航摄数据、8753路视频监视信息，交换1874个地面报汛站、280个应急监测点实时监测水情信息142万条，构建8个蓄滞洪区二维水力学演进模型，编发61期《洪水演进动态》、95期《遥感监测报告》等，为各级政府防汛抗旱指挥决策和社会公众防灾减灾避险提供了有力支撑。

各地水文部门积极拓宽水情服务领域。河北、辽宁、山东等省积极开展江河湖库径流量、地下水、重要饮用水水源地水量等预测预报和供需分析工作；长江委加强三峡、丹江口、南水北调等国家水网骨干工程水情预测预报，珠江委、太湖局开展水情咸情预测预报；海委、河北等流域和省动态监视评估京杭大运河补水效果，海委、山西、北京等流域和省（直辖市）加强永定河输水监测分析，松辽委、内蒙古自治区滚动发布西辽河来水量预报；长江委、广东、湖南等流域和省开展公众"掌上水情"订阅服务，松辽委、浙江、四川等流域和省为辽河油田、亚运会、大运会等提供服务保障。

第七部分

水资源监测与评价篇

2023 年，全国水文系统进一步落实水利部关于新阶段水利高质量发展工作部署要求，齐心协力，担当作为，不断加强水文监测工作，提升分析评价水平，提高服务保障能力，为实行最严格水资源管理制度和推进生态文明建设提供了有力的技术支撑。

一、水资源监测与信息服务

1. 生态流量、行政区界、重点区域水资源监测工作情况

2023 年，全国水文系统全力做好河湖生态流量监测预警工作。加强全国171 个重点河湖生态流量保障目标控制断面生态流量监测和分析评价工作，及时通报生态流量满足情况，编制《全国重点河湖生态流量保障目标控制断面监测信息通报》，并将其内容纳入《水资源监管信息月报》。推动建立生态流量预警机制，开发全国重点河湖生态流量监测预警系统，全面复核重点河湖生态流量站点信息与预警指标，加强生态流量每日实时监测信息收集分析，实现171 个重点河湖 281 个生态流量保障目标控制断面监测预警，每日发布生态流量预警信息，为重点河湖生态流量管控与水资源调度等提供支撑。加强生态流量技术标准建设，贯彻落实《长江保护法》，推动编制国家标准《长江流域及以南区域河湖生态流量确定和保障技术规范》；在全面总结华北地区河湖生态补水水文监测与效果评估工作基础上，编制印发《河湖生态补水水文监测与分析评价技术指南（试行）》，为做好河湖生态环境复苏和母亲河复苏行动水文监测分析工作提供技术指导。

长江委完成 76 个省界、生态流量、水量分配断面日常监测与动态预警并积极开展流域水资源长期预测及汉江、乌江等 9 条河流年度预测；牵头编制的金沙江干流已建水利水电工程生态流量核定与保障先行先试报告通过审查，水资源水生态监测预警评估工作机制逐步建立。珠江委全年发送 35 个生态流量监测断面和 28 个最小下泄流量控制断面预警短信累计 4.6 万余条，发送重点断面及工程水情统计报表 278 份，为各级领导及时掌握流域水资源重要监测断面水情变化、开展流域重点河湖水量调度提供参考依据。上海市编制的《练祁河水闸生态水位核定与保障先行先试报告》《大治河西水利枢纽生态水位核定与保障先行先试报告》通过审查并报水利部。浙江省、江西省做好生态流量核定与保障先行先试、大中型水库生态流量目标确定和复核工作，编制已建工程生态流量核定与保障先行先试报告。湖南省编制印发《湖南省生态流量监测预警工作方案》，建立完善省、市、测站三级联动，多部门协作的工作机制，对全省 20 条重点河流 40 个控制断面开展生态流量监测预警和信息报送，加密枯水期重点河湖控制断面监测频次，提升低枯水水量监测预报能力。广东省积极开展生态流量监测工作，水利部确定的东江、北江、韩江、西江、鉴江、九洲江等 6 条重点河湖生态流量断面均已实现自动在线监测，除北江石角站在线测流设备暂未批复外，其余断面都已批复使用 H-ADCP 进行在线测流，均实现流量全时段全量程自动监测，逐时流量数据、水位数据均实时同步至省水文局数据库，全面完成 2021 年省级水资源节约与保护专项项目《生态流量关键技术研究》，在韩江流域开展新测流设备声层析流量计探索应用，在潮安断面使用该设备进行低枯水生态流量监测，现已取得较大突破，目前低水位、低流速比测效果良好，大大提高了低枯水测流精度，形成可推广可借鉴的工作经验。贵州省开展生态流量管控平台升级改造项目，试点开展由"事后核查"转化为"事中调度"的管控方式，满足新形势下贵州生态流量管控信息化要求，进一步提高全省生态流量监管能力，保障全省河湖生态流量目标落实。

　　各地水文部门切实做好行政区界水资源监测分析，按照水利部印发的《2023年省界和重要控制断面水文监测任务书》，组织对533个省界断面和356个重要控制断面开展监测和分析评价，重点围绕水利部已批复的跨省江河流域水量分配控制断面，组织编制《全国省界和重要控制断面水文水资源监测信息通报》。长江委参与编制的长江流域跨省河流中最为复杂、协调难度最大的长江干流宜宾至宜昌河段、长江干流宜昌至河口河段水量分配方案获水利部批复，长江流域跨省江河流域初始水权分配工作全面完成。黄委编制《黄河流域重点河流主要控制断面水资源监测通报》12期，统计分析黄河干流和支流共13条重点河流33个主要控制断面实测水文数据，为满足跨省河流水量调度，实行最严格水资源管理提供了有力支撑。淮委根据职责实施对大官庄、堰上等7处省管水文站的监督性监测，并重点加强淮委直管的叶集、红花埠等8处考核断面的监测管理，规范监测过程、加密监测频次，确保监测信息的权威性。珠江委采用遥感与GIS技术相结合的技术手段，对第一次全国水利普查内69条跨省河流进行河流长度、流域面积及其他信息开展复核。太湖局完成省界水体、流域重要水体、环太湖主要入湖河道等各项地表水监测任务，较全面掌握了太湖流域重要水体水资源质量信息。北京市开发密云水库上游时段水量实时计算小程序，建立密云水库上游入境断面及关键节点流量和水量数据月报机制。

　　水利部水文司持续推动重点区域水资源监测分析，组织松辽委和内蒙古、辽宁、吉林等流域和省（自治区）水文部门按照方案实施西辽河流域"量水而行"水资源监测和分析评价，按月编制《西辽河流域"量水而行"水文水资源监测通报》。松辽委通过选取历史不同时期的实测流量过程，结合河道附近地下水监测井历史资料，分析历史不同时期西辽河典型河段沿程输水损失和地表水补给沿岸地下水情况，初步探索西辽河典型河段沿程输水损失及地表水补给沿岸地下水情况，并提出相关意见和建议，编制完成《内蒙古西辽河典型河段水流衰减分析报告》，为进一步推进西辽河干流全线通水及西辽河水生态环境修复提供技术支持。云南省持续开展九大高原湖泊水资源分析及预警工作，为湖泊水资源的调度、保护和管理提供了有力的支撑；开展九大高原湖泊水资源量分析评价模块的开发，夯实分析评价服务能力。

专栏 8

浙江水文创新开展生态流量保障机制试点

在钱塘江源头开化县马金溪开展生态流量保障机制试点创建，通过系统建立马金溪流域生态流量实时监测体系、基于 SCE-UA 算法智能率定的流域生态流量预报模型和基于 NSGA-Ⅱ 算法的水库群多目标生态调度模型，建立马金溪流域生态流量监测—评价—预报—预警—调度全链条业务体系，实现对控制断面生态流量预报、预警、预演、预案的"四预"功能，有力服务支撑流域内水利工程进行生态流量供水调度，也为沿线的 10 余处景观景区提供优质水，全面提升开化县全域水生态环境品质。该案例展板在第 18 届世界水资源大会中得到了水利部领导和院士专家的关注。

专栏 9

江西水文水资源信息化水平实现新突破

江西水文以服务智能化为目标，抓好算账、考核、预警三件事，算好全省水资源总量、地表水资源存量、"四水四定"这些大账，以及"三生"（生活、生产、生态）用水这些细账，支撑好常态化国考和省考，强化生态流量预警、用水总量预警、"三生"用水预警等三大预警，打造一体化服务平台，提升数字化赋能，提高服务效率，打响支撑水资源管理的品牌。

（一）自然水循环的月、年计算

固定算法、整合历史数据。转变降水量最小计算单元，固定计算单元方法，整合历年水资源公报、水资源第三次调查评价成果，通过数据产品的方式展示区域水资源禀赋及其时空变化。

（二）社会水循环的日月年计算

（1）整合多源用水户名录、分层次梳理用水户。依托全国用水统计直报数据、水资源监控系统数据、取水口核查登记成果和国家统计局、工信部相关名录库等数据源，构建全口径用水总量核算台账，梳理在线计量用水户、用水统计直报用水户名录及相关性。

（2）优化多源用水数据、构建大数据平台。整合在线计量（含水表计量）、统计直报、估测推算（定额推算）数据，获取多源数据融合的用水极值、最值、最或然值、可信区间。构建全省不同行政区域、水资源分区用水户和长系列用水过程的用水大数据平台，支撑水资源算据建设。

（3）挖掘多维度数据。开展"区域—行业—用户"三级用水画像，分析不同区域用水总量和强度双控指标执行情况，分析省市县不同行业用水量，开展重点取用水户抗旱取水及超许可数据异常服务；解析不同区域、不同用水类型、不同行业的用水量，按月、季、年开展分类用水预测，开展行业和区域用水极值研究，结合供水能力，分析用水保障情况。

2.水资源监测服务情况

2023年，全国水文系统全面开展河湖复苏水文监测与分析评价。水利部水文司组织编制印发《京杭大运河2023年全线贯通补水水文监测与评估方案》，组织海委及北京、天津、河北、山东等省（直辖市）水文部门建立"空天地"

一体化监测体系，及时跟踪监测补水进展，对地表水和地下水的水量、水质、水生态及有水河长、水面面积等进行了监测分析，对京杭大运河黄河以北河段补水期间河流回补入渗、地下水水位变化和回补影响范围等进行分析评价。编制印发《华北地区河湖生态环境复苏行动（2023 年夏季）水文监测评估方案》，组织海委、水利部信息中心及北京、天津、河北、山东等省（直辖市）水文部门，对华北地区实施生态补水的 7 个水系、34 条（个）河湖补水量、典型河湖水质及河湖周边浅层地下水水位等要素开展监测分析评价，编写《华北地区河湖生态环境复苏行动（2023 年夏季）水文监测与评估报告》。加强华北地区河湖生态环境复苏行动水文监测分析，组织海委、信息中心及京津冀鲁水文部门，对实施生态补水的 40 个河湖补水量、典型河湖水质及河湖周边浅层地下水水位等要素开展了监测分析评价，并对永定河春季生态补水进行了专题分析，编制水文监测专报 5 期、永定河日报旬报等 171 期。

各地水文部门积极服务国家水网工程水量调度、河湖长制等工作。长江委服务国家水网建设和南水北调后续工程高质量发展，完成西南水网建设规划、南水北调中线工程规划修编、引江补汉等国家重大水网工程的年度水文分析工作，积极参与省级重大水网工程建设，优质完成洞庭湖四口水系综合整治、攀枝花水资源配置等多个区域水资源配置的年度水文水资源分析评价工作。淮委完成南水北调东线一期工程省际段水量监测年度任务，全年累计施测流量 582 站次，江苏省和山东省省界台儿庄泵站实测累计调水量 10.8 亿 m³，制作调水水量计量专报 170 期，调水年度总结 1 期，累计发送手机短信 7650 余条。太湖局全年累计实施 3 次望虞河引江济太调水，共 106 天，全年太浦闸向下游地区供水流量始终不低于 60m³/s，8 次及时开启太浦河泵站应急供水；制定印发《2023 年引江济太水量水质常规监测方案》，组织实施常规调度监测和应急监测，共布设 45 个断面，获取了 2276 个流量数据。河北省开展引黄入冀调水监测工作，共布设水文监测站点 31 处、水质监测站点 16 处、泥沙监测站点 4 处，全年流量监测 5000 余测次、泥沙监测 160 余测次、水质监测 60 余测次。黑龙江省全面梳理河湖名录，摸清全省河湖管理底数，建立"一河一策""一湖一策"，为科学施策奠定了坚实的数据基础。江西省开展河湖复核工作，对第一次全国水利普查内外 4521 条河流和 187 个湖泊进行复核，进一步摸清全省河湖管理底数，支撑河湖长制管理。广东省持续做好河湖长制服务工作，支撑服务最严格水资源管理制度年度考核，负责用水总量、用水效率、水资源量、生态流量保障、超采区地下水位变化等相关指标数据分析与文字素材提供，进一步发挥"技术裁判员"作用，为广东省最严格水资源管理考核取得优秀成绩提供有力的技术支撑。宁夏回族自治区每月按时做好 113 处河湖长制考核断面水量监测及 16 处断面水质监测，编制《河湖长制河（沟）断面流量月报》《自治区推行河长制重点任务进展情况通报》，及时向河长制平台推送监测数据和评价结果，为各级河湖长及时掌握河流湖泊水质动态提供水文服务。

各地水文部门有力支撑取用水调查统计工作。长江委完成长江流域用水统计管理核查技术工作，编制年度长江流域各省（自治区、直辖市）用水总量核算成果复核报告，完成长江流域湖南、湖北、江西、贵州、重庆、四川和西藏等 7 省（自治区、直辖市）用水统计调查数据质量抽查工作；持续开展取用水统计核查，参与水量分配、生态流量、取水管控等目标完成情况考核评价，创新性开展江苏主要农作物灌溉面积遥感识别解译和用水量复核。黄委积极开展取退水口查勘，编制查勘报告和取退水口在线监测优化升级工作方案。松辽委编制《松辽流域用水总量核算工作实施方案》，对上一年度 70 个委管取水户填报统计数据合理性进行全面复核，对流域内大中型灌区、工业企业、公共供水企业、服务业、养殖业、鱼塘、河湖补水等 30000 多个取水户填报统计数据进行合理性检查抽查，完善本年度松辽委延续新发取水许可证取用水户的名录库建设、对本年度委管取用水户基层定报表按季度进行组织及上报数据的审核等工作，进一步规范用水总量核算工作，提高用水统计调查数据的真实性、全面性和准确性，促进经济社会发展和水资源节约保护管理科学决策提供支撑。辽宁省完成了用水统计调查直报管理系统中基本调查单位名录库进一步完善和日常维护工作，截至 2023 年年底，辽宁省基本单位名录库中共有名录 20941 个，基本实现了有取水许可用水户应纳尽纳要求，为区域用水统计调查、水资源开发利用调查等提供了基础信息支撑；开展 2022 年度 5872 个调查对象用水量填报、审核、复核工作，开展了县、市、省行业用水量核算，形成辽宁省用水总量统计成果，并将成果用于《2022 年辽宁省水资源公报》编制，提高了数据的规范性、准确性及数据上报的及时性。河南省持续采取取水口取水监测计量"先建后补"政策，推进规模以上取水户水量在线监测建设工作，按照《财政部关于提前下达 2023 年水利发展资金预算的通知》（财农〔2022〕85 号）要求，向全省分解下达 5205 万元中央 2023 年水利发展资金，用于非农业取水口、大中型灌区渠首在线监测计量设施建设，以及小型灌区农业灌溉取水"以电折水"计量设施建设，省内取水计量覆盖面进一步提高，监测计量数据质量进一步提升。湖北省全面落实用水统计调查制度，全年组织开展用水数据填报、审核工作，获取年度季度取用水基础数据 1.1 万余组，完成年度全省及各市县用水总量核算成果，同时持续做好用水统计调查基本单位名录库管理维护工作，全年新增调查名录 1021 个，参与《用水统计调查制度》书面抽查工作，用水填报逐渐规范、技术审核专业熟练，用水数据质量有了较大提升。海南省通过"先建后补"的资金拨付方式，监督和指导取用水户完成 73 处取水监测站点建设，通过完善取水口在线监测计量体系建设，大幅提高在线监测计量的准确度和覆盖面，及时掌握取用水的动态变化情况，优化水资源配置，保障城乡居民生活用水和工业、农业、生态用水的安全，为水资源精细化管理提供支撑。四川省 2023 年新建规模以上取水口在线计量监测点 511 个，已实现对全省地表水年取水许可 20 万 m^3、地下水年取水许可 5 万 m^3 以上的非农取水户以及 5 万亩以上的灌区取水户实现了在线监测全覆盖，全省累计在线监测点共计 3837 余处，全省 1.3

万余户（含在线户）实现取水量按月抄表、按季核量，监测数据均实时传输至省水文中心组织开发的四川省水资源管理系统。云南省组织完成全省 5052 个调查对象 2023 年用水量的填报与复核工作，完成 2023 年全省总用水量的核算、上报并通过水利部的审核，组织完成各季度填报成果技术审核和指导工作。新疆生产建设兵团积极服务取用水调查统计工作，完成兵团已录入用水统计调查直报系统的 452 个调查对象全年四个季度的用水统计直报和兵团年度用水总量核算工作，做好兵团 2023 年度用水统计和用水效率测算，全面复核区域用水量，为最严格水资源管理制度考核提供水量支撑。

专栏 10

"空天地"一体化监测体系助力
京杭大运河全线贯通补水水文监测

在京杭大运河 2023 年全线贯通补水工作中，水文部门加强顶层设计，从补水工作实际需要出发，科学制定了京杭大运河 2023 年全线贯通补水水文监测与评估方案，对补水河段补水量、水质、水生态、地下水水位、有水河长和水面面积等水文要素开展空天地一体化监测，动态跟踪补水工作进展。

补水期间，充分利用"空天地"一体化监测体系，开展了 52 处地表水站的每日水位、流量监测，739 处地下水监测站实时水位监测，完成了 386 次水质监测、2 次水生态监测，利用高分一号、高分一号 B/C/D、高分二号等 10 颗空间分辨率优于 2m 的国产卫星的遥感影像，完成了 3 次补水沿线遥感监测分析，并选取重要断面及主要河段开展了无人机航拍、水头追踪。各级水文部门共投入水文监测人员 210 人、各类水文监测仪器设备 310 台（套）、巡测车 35 辆、无人机 11 架，为京杭大运河全线贯通做好了水文支撑保障。

3. 泥沙监测分析与评价

2023 年，全国水文系统加强泥沙监测和分析评价，积极开展泥沙问题研究、监测技术应用和泥沙公报编制等工作。水利部办公厅印发《水库水文泥沙监测新技术应用指南》，进一步规范水库水文泥沙监测，强化新技术在水库水文泥沙监测中的应用，提升监测效率，保证成果质量。水利部水文司组织各流域管理机构和有关省（自治区、直辖市）水文部门按时编制完成《中国河流泥沙公报 2022》并公开发布，向各级政府和社会公众提供泥沙监测信息服务。黄委收集有关省（自治区）属、委属水文站的有关水文资料，重要水库、河段冲淤、特殊泥沙现象和重要泥沙事件等相关资料编制完成 2022 年度《黄河泥沙公报》。珠江委开展在线泥沙监测设备比测应用，对冯马庙、黄冲 2 处水文站在线测沙系统进行比测率定，编制完成《冯马庙（二）水文站在线测沙仪比测率定报告》《黄冲水文站在线测沙仪比测率定报告》，引入量子点光谱泥沙在线监测系统，实现水体悬移质含沙量在线实时监测，提高泥沙监测精度，进一步提升珠江流域悬移质泥沙自动化监测水平。北京市分析研究潮白河水系 5 处代表站的实测水沙特征值、径流量与输沙量年内变化情况及重点河段的冲淤变化，密云水库、官厅水库和白河堡水库多年泥沙淤积变化过程，编制《北京市河流泥沙公报》。安徽省统计分析 19 条河流 22 处水文控制站的径流量、输沙量、含沙量、输沙模数、典型断面冲淤变化等变化趋势，首次编制《2022 安徽省河流泥沙公报》，为全省江河治理、水资源开发利用、水土流失防治、水土资源保护等方面提供了重要的基础资料和技术支撑。江西省开展 30 站悬移质泥沙测验、13 站泥沙颗粒分析，依托项目建设，建成在线泥沙监测站点 7 处，在峡江、廖家湾、外洲等站引进红外逆投影成像测沙或量子点光谱测沙技术，实现泥沙在线监测率提升至 30%，其中红外逆投影成像泥沙自动监测技术在水利工程调蓄后下游且泥沙混合均匀的测站应用效果较好，持续应用激光粒度仪替代人工分析，减轻了颗粒级配分析的劳动强度，缩短了历时，提高了分析精度；围绕"近 10 年鄱阳湖盆湖典型断面形态变化特征研究""变化环境下鄱阳湖泥沙演变规律研究"等课题要求，积极开展泥沙监测分析研究，两项课题均已完成验收。

4. 土壤墒情监测分析与评价

2023 年，各地水文部门积极开展土壤墒情监测与分析评价工作。北京市建立墒情站基本情况台账，并对墒情模块进行功能测试和优化，根据土壤相对湿度的大小将土壤墒情进行了划分，编制旱情监测站的墒情时报、日报、月报和年报的模板，为旱情分析提供技术支撑。河北省自 3 月 1 日至 11 月 21 日每旬开展旱情监测工作，全年共监测土壤墒情数据 15792 组，关键期进行加密观测 1 次，全年编制旱情信息简报 308 期。吉林省提前开展春季旱情监测，全年人工站加测加报 9 期，有效满足了春季旱情分析评价需要，全年编发《墒情专报》35 期，每期专报对监测数据、旱情调查信息采集进行分析及合理性检查，密切关注旱情发展变化，最大限度地满足了全省抗旱工作需求，积极开展吉林省旱情监测预警综合平台建设工作，在卫星遥感监测模块建设中，将光学、微波等多种类、多层深遥感产品与土壤含水量、土壤相对湿度等墒情监测数据进行融合率定，分析模型拟合结果，筛选遥感指标，确定反演参数，通过降尺度处理，实现高质量公里网格墒情监测产品生产，科学实现点面转化；在旱情综合评估模块中，确定旱情评价指标及各指标参与综合评价权重比例及使用条件，确定掩模数据参与综合评价后的成果计算处理方法；在旱情预报模块中，制定站点的增退墒模型，校验预测精度，提升预测预报质量等，现已完成墒情遥感监测、旱情综合评估、旱情预报等模型开发任务，2024 年投入试运行。辽宁省先后分 2 批次对 32 处设备老化严重的自动墒情监测站进行了升级改造，对因为环境因素导致无法正常监测的站点进行了及时迁移，升级改造完成后，辽宁省自动墒情监测设备的稳定性及监测数据的时效性和准确性得到了大幅度提升。江西省持续做好全省 106 处固定自动墒情站监测，抓好墒情监测平台数据实时监控管理，保障数据质量与时效，组织开展站点田间持水量、土壤干容重等数据分析率定，进一步提升监测成果质量。山东省每旬统计全省各站土壤缺墒情况，根据旱情等级标准，统计不同程度土壤缺墒比例，以及各市中度以上缺墒县数，分析每旬旱情变化趋势，按月发布；根据旱情发展发布枯水预警，提出防御建议，省水文中心加强监测，实时掌握旱情动态，及时报送旱情信息，各市水文中心加强旱情预测分析及评估，为服务抗旱工作提供了信息支撑。湖南省完成 1 个省中心站、14 个市州中心站、3 个综合试验站及 624 处固定土壤墒情监测站建设，墒情监测数据已完成与国家防汛抗旱指挥系统完成对接，湖南省墒情监测系统正式投入使用，土壤墒情监测站采用物联网技术，实现了墒情监测数据的时效化和智能化，系统软件平台可实现对农田土壤墒情等干旱情况进行有效预测预警，为省市各级防旱抗旱部门提供更为精准可靠的数据支撑。重庆市组织实施旱情监测设施建设，加强旱情监测预警工作，做好现有墒情监测站点运行维护，开展旱情预警提升研究，定期发布旱情分析成果，适时发布干旱预警，优化江河湖库的干旱代表站选取和预警阈值确定，进一步优化干旱预警产品，提升干旱预警实效。贵州省对部分土壤监测系统进行提升改造，积极开展土壤墒情监测工作，主动开展旱情分析。2023 年监测墒情信息 78 万余条，编制《旱情监测与分析 2023 年度工作计划》报告，完成贵州省旱情简报 87 期，为各级政府、抗旱部门及时掌握旱情信息，进行科学抗旱指挥提供了决策依据。云南省实现了全省墒情监测站点信息的全面共享，全年共采集土壤墒情数据 58.4 万条，初步形成云南省土壤墒情监测网络，提高了云南省水文在土壤墒情监测方面的水平和能力，全年共编制并发布云南省旱情简报 12 期，为各级领导和抗旱指挥机构等部门及时提供墒情基础信息、旱情监测成果和可靠的旱情实时、预测、预报信息，进一步加强了云南水文对抗旱减灾决策的技术支撑服务能力。

5. 城市水文监测分析与评价

2023 年，各地水文部门持续推进城市水文工作，进一步完善城市水文监测体系。北京市建立健全覆盖供水、排水、水资源、水环境、水生态、水灾害等多方面的水文监测、分析评价、预测预报、应急处置体系，继续按照"首善一流"的标准，打造"城市水文"发展品牌。河北省以沧州市等试点开展水文监测及城市水文特性研究，为城市防洪排涝、污水处理、水资源综合利用提供基础水文资料。江西省为加快补齐城市内涝预警短板，延伸水文社会化服务，以南昌市、九江市为试点，持续收集已建成城市内涝监测点的雨量、水位数据等基础资料；加强城市内涝预警系统运行使用，在实际应用中不断检验提升系统运行效果。山东省目前已有济南、青岛、淄博、济宁、日照、威海、滨州等7市先后开展城市水文工作，设立了城区防洪专用水文、水位、雨量站并开展运行维护和监测，济宁市水文中心继续对城市水文系统平台进行全面应用，通过城市水文平台及时发布积水黄色、红色预警信息，观测并维护雨量9站年，道路积水9站年，城区河道径流10站年，该系统为政府职能部门综览城区水文信息，协调安排各部门防汛工作提供了可靠的技术支撑。济南市城市水文防洪监测系统主要在绕城高速以内的城市建成区开展监测业务，市区内布设自动雨量站点，河道和低洼地、立交桥、铁路立交等易积水路段已布设水位站点进行实时监测，部分站点已实现视频实时监控，防汛测报及预警效果显著。湖南省永州水文中心在城市道路低洼处建设了4处城市水文站，在暴雨期为地方政府提供内涝情况监测，岳阳水文中心积极参与城市水资源管理服务，构建节水型社会，形成岳阳市及所辖各县市区"十四五"节水型社会建设规划报告。云南省积极开展城市水文监测工作，组织相关水文分局在昆明、楚雄、保山、临沧等市（自治州）开展水文监测和城市内涝预警。昆明分局利用先进的物联网、GIS、自动控制、移动通信、图像识别等技术，对城市内涝情况进行监管和统筹规划，通过对昆明市城市重要内涝积水点开展监测预警工作，打造集实时监测、智能预警、信息共享、业务协同、公众服务于一体的专业化、智能化、多维度、图文一体化的信息化系统。2023 年，昆明分局开展昆明市城市隧道内涝监测预警试点项目并研发了"昆明水文 APP"，该系统于 2023 年正式开始投入使用，城市隧道内涝监测预警试点项目通过设置在隧道出入口的指示牌和 APP 实时监控预警，切实加强了昆明城市隧道内涝积水点的预测预警效果。系统投入试运行以来，共有 6581 个用户通过昆明水文 APP 及 WEB 端等方式参与到系统的试运行工作，在汛期发挥了重要作用，为昆明市城市防汛预报、预警、调度、排涝提供了数据支持。楚雄分局建设城区龙江路城市水文站（内涝监测站），该站实时监测雨量、水深、视频信息，数据同步接入《楚雄市智慧城市社区管理平台》，及时为各级防汛部门和广大人民群众提供实时内涝水深、降雨信息，为城市防汛预警和应急调度提供科学有效的决策依据和技术支持。保山分局在保山城东河河畔建有保山水文站（内涝监测站），及时为地方防汛减灾指挥提供实时水文监测成果。临沧分局积极开展主城区城市内涝调查，通过调查，排查出临沧主城区居民住宅小区分布密集的易涝点 5 处，2023 年在易涝区新增布设雨量监测站点 1 个，及时发出城市内涝水文预警信息，为相关部门开展交通管制、转移群众、防洪避险等行动决策提供依据。

6. 实验站运行管理情况

2023 年，相关水文部门持续做好实验站运行管理工作。太湖局不断加强新安江水文实验站管理，严格落实站长负责制，制订《新安江水文实验站站长工作例会制度》，全年组织召开四次季度工作例会和一次专题工作推进会，群策群力研究落实了 18 项议题，有力保障了实验站稳定运行。完成 2018—2022 年 50 个雨量站点降雨量数据和中和村、呈村两处测流断面水位、流量数据整编，数据整编成果作为科研资料已在河海大学校内开放共享；编制并印发《新安江水文实验站中长期发展规划》，深化实验站现状研究与存在问题，细化"十四五"期间重点任务，实化规划落实保障措施；申报水利部野外科学研究观测站，系统总结实验站建站目的与意义、领域方向与定位、基础条件与科研状况、人才队伍情况和管理水平，规划了实验站未来发展设想；依托新安江水文实验站，共完成"小型地中式称重蒸渗仪研发""地表水自动采样系统研发" 2 项水文基础研究，共发表论文 8 篇。

河北省衡水实验站严格执行有关规范规定，加强对仪器设备的日常清洗保养工作，积极消除各种安全隐患，确保仪器设备正常运行，组织业务人员对降雪、冻土等冬季观测项目的学习，开展有针对性的演练。辽宁省近年来通过辽宁省实验站建设项目对现有的台安、营盘及彰武三处实验站设施设备进行了改造，2023 年上半年对实验站人员进行了培训。7 月，南科院、沈阳农业大学赴台安实验站进行考察，并达成初步合作意向，计划在 2024 年进行相关实验项目合作研究；11 月，与大连理工大学共建辽河中下游水文生态野外科学观测研究站，并成功申报水利部第二批野外科学观测研究站。计划新建朝阳叶柏寿实验站，已纳入"辽宁省水资源监测能力、跨界河流水文站网、水文实验站（叶柏寿站）建设工程"，项目初步设计已获省发展改革委批复，计划 2024 年实施。吉林省完成了白城地下水水文实验站、杏木水文实验站的运行管理与设备设施维护，开展了地中蒸渗实验场、墒情仪器对比实验场、地下水实验场、蒸发观测场基础监测数据收集，可为开展干旱地区地下水运移规律、水文气象规律、蒸渗规律、土壤含水量变化规律等提供监测资料。黑龙江省带岭径流实验站开展以融雪径流和林区小流域降雨径流实验研究的专项研究，在区域水资源管理、水资源优化配置、洪水灾害预报预防等方面具有重要意义，伊春分中心利用自身资源与黑龙江大学水利水电学院进行合作优势互补、科技创新，目前共申请了新型实用专利 3 项，发表论文 3 篇。江西省鄱阳湖水文实验站推进标准化管理，积极开展科技项目研究，开展 eDNA 样品采集及生境因子监测、水质水生态监测等合作项目，为环境变化影响探究提供数据，参与省科技厅"科技 + 水利"项目，创办"星子讲堂"，邀请专家开展讲座。吉安水文实验站成立了 5 个分析研究项目组，主要开展了峡江水利枢纽运行前后吉安至峡江洪水传播时间及水面线的影响研究、库区上下游河道冲淤变化研究、库区水面蒸发与陆面蒸发关系研究、吉安水文站水位流量关系单一化研究、梯级水利工程背景下赣江中游水质水生态状况及变化趋势分析研究。山东省墒情综合实验站致力于建设全面、多功能的墒情、水土保持监测研究站，以坡面径流、多气象要素与土壤墒情相关性、不同自动墒情设备墒情监测精度研究为主要研究方向，进行多要素的土壤墒情监测和水土保持监测研究，为抗旱减灾、水资源优化配置、水土保持管理以及生态文明建设提供科学数据、理论、方法和技术支撑，省水文中心在经费投入、人员编制等方面保障实验站正常运行，积极开展干旱分析评估方法及模型研究，建立了山东省干旱评价指标计算方法，包括单变量的气象干旱指标、水文干旱指数、农业干旱指数计算方法，以及能够综合反映水文、气象、农业的综合干旱评价指标计算方法，初步建立典型区域的旱情预测模型。湖南省完成长沙水文实验站变坡土槽人工降雨径流实验方案编制，并与长沙理工大学签订实验合作协议，完成气泡式水位计一体机安装调试工程，目前水位一体机运行正常、数据正常，完成设备安装调试及大屏数据发布系统项目，目前设备运行正常、数据正常发布。贵州省高桥蒸发实验站主要开展陆面蒸发实验研究，桃花蒸发实验站主要开展陆面蒸发实验研究和气象要素研究，相关市（州）水文水资源局正持续进行数据比测、分析等工作，适时开展蒸发规律科学研究并形成应用成果。云南省抚仙湖生态水文实验站在对实验监测资料进行整编及分析的基础上，先后完成了《抚仙湖流域水面蒸发监测及其变化对湖泊水文循环的影响研究》《玉溪市抚仙湖 2024 年度水量调度计划》《抚仙湖枯水期分层采样监测报告（2023 年度）》《抚仙湖生态水文实验站地下水监测、抚仙湖周边地下水补给关系研究中期报告》等技术研究报告及水文数据监测成果；丽江坝区地下水水文实验站切实加强运行管理，对黑龙潭泉水及丽江坝区地下水水量、水质、降水量等进行监测，开展丽江坝区地下水水位动态分析、黑龙潭泉群补给、径流与排泄规律等研究。新疆维吾尔自治区水文实验站注重人才培养和激励机制的建设，积极拓宽业务领域，加强与外部合作伙伴的沟通与合作，积极推进水文新仪器应用与示范项目建设。

二、地下水监测分析管理

2023年，全国水文系统继续加强地下水监测，完善地下水监测站网，健全地下水监测工作体系，优化运行维护机制，保障地下水监测站和监测系统正常运行，强化地下水动态分析评价，地下水动态月报、通报、地下水动态评价等信息服务成果丰硕，地下水监测管理与信息服务能力不断提升。

1.圆满完成年度国家地下水监测任务

3月，水利部办公厅印发《关于做好2023年国家地下水监测工程运行维护和地下水水质监测工作的通知》，部署国家地下水监测工程运行维护和地下水水质监测工作。水利部水文司指导加强项目和合同过程管理，不断完善国家地下水监测系统运行维护监管机制，加强地下水监测指导，多措并举采取调研、培训、检查等方式，不断提高监测和运维水平（图7-1）。指导水利部信息中心持续推进地下水移动客户端、测站运维APP、资源信息发布系统功能模块升级改造和数据安全加固，开发数据接口服务以及国产化操作系统、数据库以及芯片适配工作，不断完善国家地下水信息系统功能。

图7-1 水利部水文司领导在河北省衡水市调研地下水站

2023年，水利部与自然资源部交换共享国家地下水监测数据2.3亿条，向生态环境部提供2022年全年国家地下水监测数据，为相关业务司局和科研院所等单位提供数据 5.6 万站次。

　　各地水文部门采取有力措施，全力做好地下水监测站运行维护工作（图 7-2 ～图 7-4），开展巡检校测、透水灵敏度试验、洗井清淤、设备设施维护

图 7-2　2023 年吉林省国家地下水监测工程监测系统运行维护工作部署会议现场

图 7-3　山东省开展国家地下水监测工程地下水站现场运行维护

图 7-4　2023 年国家地下水监测工程监测系统运行维护项目通过合同验收

等工作，全面完成 2023 年度国家地下水监测系统运维，全年共完成 2.2 万站次校测、6832 个站透水灵敏度试验、888 个站洗井清淤，更换 1211 套水位计 / RTU，均达到绩效指标要求；全国信息报送平均月到报率 99.89%，月内日均到报率 98.63%、完整率 98.23%、交换率 100%，为自 2020 年开展运行量化指标评价以来最好水平，各省份顺利通过中期量化考核评估和项目合同验收。完成 2022 年全国地下水资料年鉴 32 卷 67 册整编与刊印，2023 年实现整编"日清月结"。

2. 继续推进国家地下水监测二期工程前期工作

国家地下水监测二期工程前期工作取得阶段性进展。3 月，《国家地下水监测二期工程可行性研究报告（水利部分）》通过了水利部水利水电规划设计总院（简称水规总院）技术审查。水利部水文司积极协调部内相关司局和单位，加强与国家发展改革委、自然资源部协调沟通，确定两部共同建设事宜，并按照国家发展改革委原则意见完成《国家地下水监测二期工程可行性研究报告》合稿，各省（自治区、直辖市）和新疆生产建设兵团均完成了前置要件办理工作。10 月，水规总院对合稿进行了技术审查（图 7-5）。11 月，完成合稿部长专题会议审议。

图 7-5　《国家地下水监测二期工程可行性研究报告（水利部分）》技术复审会

3. 持续强化地下水分析评价及信息服务

2023 年，水利部水文司组织水利部信息中心编制完成 12 期《地下水动态月报》（图 7-6），并在水利部网站公布，动态反映我国主要平原区、盆地等区域降水、地下水埋深以及水温等要素的变化情况，是社会了解全国地下水动态的重要窗口。

图 7-6 《地下水动态月报》

水利部水文司组织海委和北京市、天津市、河北省完成华北地区地下水超采动态评价（2022 年）；组织黄委、淮委、珠江委、松辽委和相关省（自治区、直辖市）以重点区域为评价范围，对地下水水位、漏斗等年度变化及演变趋势进行分析评价，完成重点区域地下水超采动态评价（2022 年）。组织海委和北京市、天津市、河北省按月完成《华北地区地下水超采区地下水水位变化及预警简报》12 期，完成海河"23·7"流域性特大洪水地下水影响分析，为华北地区地下水超采综合治理提供决策依据；组织海委和北京市、天津市、河北省优化华北地区地下水水位预警方案，优化预警方法，增加水位预测；组织水利部信息中心和黄委、淮委、珠江委、松辽委和相关省、自治区探索开展 10 个重点区域地下水水位试预警。组织海委、松辽委和相关省（自治区、直辖市）持续做好母亲河复苏行动地下水监测，完成京杭大运河 2023 年全线贯通补水、华北地区河湖生态环境复苏行动、西辽河流域"量水而行"地下水监测和分析评价，做好监测日报、专报地下水部分编制。

水利部水文司、信息中心共同举办地下水监测与分析评价技术培训班，通过培训和研讨提高地下水监测分析人才队伍业务能力。信息中心组织地下水监测技术研讨会、重点区域地下水动态分析评价技术研讨会（图 7-7 和图 7-8），提升地下水监测干部队伍管理水平。通过各种集中分析评价工作，以干带训，统一分析评价工作标准，提高动态评价业务能力。

图 7-7　水利部水文司、信息中心在宁夏进行地下水监测与分析评价技术培训

图 7-8　重点区域地下水动态分析评价技术研讨会

　　各地水文部门积极开展地下水动态分析评价工作。全国 19 个省（自治区、直辖市）开展地下水分析评价，编制发布地下水水位变化通报。河北省新增编制地下水情况日报、周报，为水资源管理提供有力数据支撑和高效技术服务。北京选取 10 处流量大于 10L/s 的泉点建设自动监测站（图 7-9）；北京向京港地铁公司、地铁运营公司及轨道交通公司提供了各地铁线路沿线相关 204 个地下水监测站点的数据信息。湖北省根据《湖北省地下水管控指标》，对 2023 年地下水位达标情况进行分析评价。

图 7-9 北京陈家庄泉泉水监测站

各地水文部门加大地下水科学研究力度。淮委"淮北地区地下水动态演化与水位水量联控关键技术与应用"获淮委科技进步一等奖。海委组织完成的"地下水超采治理决策支持平台"科技成果入选 2023 年度成熟适用水利科技成果推广清单，"地下水超采治理决策支持平台"2 项科技成果入选 2023 年度水利先进实用技术重点推广指导目录。北京市构建西山岩溶水三维水文地质结构模型与水文地质概念模型，模拟分析不同条件下地下水位和关键生态要素的响应规律，为西山岩溶水的利用和保护管理提供支撑。安徽省组织编制《安徽省涡河流域三水转化规律研究》和《地下水人工站与自动站相关性分析研究》，建立了安徽涡河流域地下水数值模型，用于研究该流域大气降水—地表水—地下水的相互作用及转化规律。云南省开展"丽江坝区地下水水资源的动态变化研究—基于多方法融合的黑龙潭泉群地表地下水转换研究"基础研究。甘肃省与甘肃农业大学、水利部综合事业局、河海大学等单位合作完成的"变化环境下疏勒河地表水与地下水转换规律及调控技术"，被授予甘肃省科技进步二等奖。

4. 认真做好地下水监测监督管理

水利部水文司组织全面梳理全国地下水监测站网。完成对全国地方地下水监测站网摸底调查，从地下水监测站网、运维管理、二期工程站网布设等方面，对地下水监测现状、存在问题和前景展望等进行总结，形成《我国地下水监测情况报告》。加强地下水技术标准体系建设，组织编制的国家标准《地下水监测工程技术标准》（GB/T 51040—2023）由住房城乡建设部发布，指导编制的《地下水动态分析评价技术指南》（T/CHES 103—2023）团体标准由中国水利学会批准发布（图7-10）。编制印发《地下水动态分析评价技术指南（试行）》《地下水水位降落漏斗评价技术指南（试行）》2件技术性文件，为地下水监测分析评价提供技术支撑。

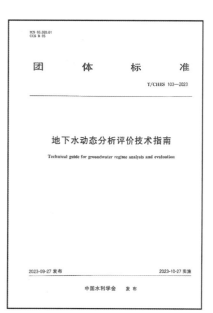

图7-10　编制的地下水相关技术标准

各地水文部门不断加强地下水监测管理工作。河北省完善地下水监测站网，新增295处地下水自动监测站；建立健全规章制度，修订《河北省水文自动测报系统运行管理办法》《河北省水文自动测报系统运行维护技术指南》等运维管理考核制度。山西省将地下水水位变化纳入山西省水污染防治量化问责体系，编制《山西省水污染防治量化问责地下水水位考核方案（试行）》。吉林省印发《关于加快推进2023年吉林省国家地下水监测工程运行维护工作的通知》，明确要求各地市要高度重视国家地下水监测工程运行维护工作。江苏省规范新设备测报技术应用，编制印发地下水自动监测站运行管理规定。宁夏回族自治区建设地下水监测井运维管理系统，实现地下水监测运维高效化、无纸化。

第八部分

水质水生态监测与评价篇

2023 年，全国水文系统认真做好水质水生态监测与分析评价各项工作，持续加强监测能力建设，加大监测分析评价成果应用力度，不断拓展服务内容和范围，为支撑水资源配置、河湖水生态保护与修复、供水安全保障等工作提供有力支撑。

一、水质水生态监测工作

1. 水质监测能力建设持续加强

水质实验室监测能力进一步提升。2023 年，长江委长江流域水质监测中心，上游、下游、荆江、汉江等 4 个水环境监测中心，攀枝花、合川、宜宾、万州、益阳、九江、丹江口等 7 个水环境监测分中心开展了实验室能力建设，其中汉江中心建成水文行业首家水质全自动智能实验室（图 8-1）。黄委黄河流域水

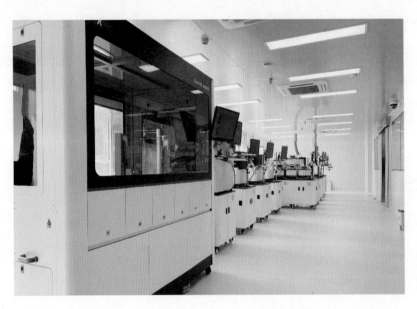

图 8-1　长江委汉江水环境监测中心水质全自动智能实验室

质监测中心、宁蒙水文水资源局包头实验室、宁夏水质监测站、中游水环境监测中心、三门峡库区水环境监测中心、山东水文水资源局济南实验室开展了实验室能力建设。河北省 1500m² 省中心实验室和 1053m² 廊坊分中心投入使用，配置了气相色谱、ICP-MS 等大型仪器，并投资 200 多万元购置实验室配件耗材和进行危废处理。黑龙江省投资 230 余万元购置了高锰酸盐指数全自动分析仪、离子色谱、原子吸收等大中型仪器设备 10 余台（套）。福建省更新添置全自动固相萃取仪、微波消解仪和现场检测设备共 19 台（套），莆田、龙岩分中心进行实验室扩充改造和布局调整，增加实验室面积 350m²。山东省投资 1900 多万元对省中心实验室基础设施进行提档升级，为省中心和济南分中心配备仪器设备 37 台（套），自动化分析项目达 95% 以上；各市水文中心累计投资 800 多万元，购置了气相色谱联用仪、气相色谱仪、离子色谱仪等大型仪器；投资 300 万元配备国家基本水文站现场水质监测和水生态监测仪器设备 35 台（套）。广西壮族自治区投资 1988 万元改造实验室 1663m²，购置大型仪器设备 35 台（套），实验室达甲类实验室标准。云南省新增超高效液相色谱三重串联四极杆质谱联用仪、低本底 α/β 测量仪、ICP-MS、GC-MS 等仪器设备 20 台（套）；完成普洱分中心实验室升级改造，改建实验室面积 141m²，新增实验室面积 17m²。

水质在线自动监测加快发展。黄委投资 130 余万元建设中游水文水资源局吴堡水质自动站，完成东湾水文站水质在线自动监测设备安装。珠江委新改建龙溪、桂粤等 7 处水质自动监测站，改建罗浮、长治、横门东等 7 处水质自动监测站项目通过可研审查，获批复投资 1080 万元。北京市投入资金 203 万元运维常规水质自动监测站点 27 处，投入资金 369 万元运维"水环境侦察兵"全光谱监测点位 400 处。山西省投入 231 万元对静乐、漳泽水库水质自动监测站进行运维和提档升级。安徽省 111 处水质自动监测站有效运行，全年获取市界断面站在线数据 189 万组，水源地站在线数据 50 万组，共计 239 万组在线数据。

江西省新增 11 处户外小型水质自动监测系统，有效提高国家重点水质站现代化水平。广西壮族自治区新建水质自动监测站 8 处，改造水质自动站 1 处。宁夏回族自治区完成 15 处光学法水质自动在线监测站 168 个样 1176 项次的数据比测，不断优化仪器参数设置。

水质监测信息化建设加快推进。长江委全面推进水质实验室信息管理系统（LIMS）和整编系统线上正式运行，完成地下水采样 APP 开发，水质整编评价软件完成整编全套报表导出、水质简报月报、水资源质量年报文字模板生成和地图展示以及年鉴刊印等相关功能的开发。太湖局深入推进数字孪生水文站建设，开发测站实时状态采集监控功能，构建了贡湖实验站数字孪生业务场景（图 8-2）。江苏省完成水质信息管理系统（第一期）开发工作，通过验收后在 13 个中心上线运行；积极推进湖泛预警平台建设，组织环太湖无锡、常州、苏州等水文分局推广使用，在运用中不断进行优化完善，实现太湖湖体水质及入湖污染物通量变化状况的实时监控。安徽省深化水质业务信息系统建设，升级"安徽省水质水量监控系统"，根据导入的实测水质数据进行自动分析、评价并生成报表报告。

图 8-2　太湖局贡湖实验站数字孪生业务场景

水质监测人员队伍能力建设不断加强。长江委开展对委属相关中心及贵州、湖北、重庆等省（直辖市）水文部门60余名技术人员的岗位技术考核、延期换证等工作；举办大型底栖无脊椎动物监测、水质监测新技术和无人机水质采样技术以及实验室质量管理等培训班。黄委完成9个单位检验人员岗位技术考核，共计141人次1475项次。珠江委完成水质42人2671个项目的延期换证工作；举办珠江委首届水质水生态监测技能竞赛，扎实推进人才队伍建设工作。太湖局积极做好流域内各省实验室监测人员上岗考核工作，完成江苏省、浙江省、福建省中心等共计61人次415项次的上岗考核。河北省完成全省91人共1952项次的上岗考核工作，组织10个分中心及时完成了近600项方法的变更，组织5个实验室完成2次实验室间比对和1次监督性监测；137名水质监测人员参加各类培训800人次。山西省完成大同市等5个监测中心32人581项次的上岗考核工作。浙江省组织全省质控样品考核12项次，上岗考核19人67项次，换证考核23人131项次。安徽省组织开展各类培训44次，参加人员227人次；各中心扩项累计新增监测项目105项，新增标准方法69项。湖北省组织15个分中心107名检测人员开展上岗考核，组织省中心和15个分中心共100名检测人员进行质量控制考核，组织全省6个分中心参加省级市场管理部门组织的能力验证，结果满意。广东省完成89人58项610项次的上岗考核和延期换证，考核项目全部合格。贵州省完成9个实验室95人次1106项次的上岗考核工作。

专栏 11

长江委打造水文行业首家水质全自动智能实验室

水文行业首家水质全自动智能实验室2023年落户长江委水文局汉江水环境监测中心。该智能实验室主要由全自动分液工作站、全自动水质分析仪及流水线、智能控制及信息管理系统组成，充分融合了自动化、人工智能、大数据等前沿技术，实现样品智能稀释分取、液体流路自动控制、传送带流水线节点控制、机器人自动进样及水质多参数全自动高通量检测等功能。长江委水质全自动智能实验室可实现10余款科学仪器的全流程自动化操作，开展80余项水质监测指标的长时间连续自动分析，在降低人力成本的基础上可保障样品精准溯源，减少操作误差，实验室环境数据和样品检测信息联网预警，实验室管理人员可通过手机、平板电脑和电脑实时监控查询，异常情况及时处理。智能实验室让水质监测和管理水平整体迈上新台阶，水文行业水质监测智慧赋能创新实践取得显著进展。

专栏12

珠江委举办首届水质水生态监测技能竞赛

珠江委举办首届水质水生态监测技能竞赛，以实操考核为主，设置水质水生态样品采集、土壤中pH值检测和水中总硬度检测3个项目，并以竞赛为契机，持续深入开展岗位比武练兵、专业培训竞赛、师徒传帮带等技能素质提升活动，拓展技能人才培养途径，为推动流域水质水生态监测提供人才支撑。

2. 水质监测服务范围不断拓展

全国水文系统不断加强水生态监测工作，不断拓展水质水生态监测服务范围。5月，水利部印发《关于做好水质水生态工作的通知》（办水文〔2023〕144号），持续强化地表水水质水生态监测和地下水水质监测工作。珠江委首次在粤港澳大湾区2个重要水源地试点开展抗生素、内分泌干扰物、新型农药等新污染物监测。太湖局开展《全国重要饮用水水源地名录》内太湖流域片重要水源地 109 项全指标监督监测，全年获取 193 处地表水监测站点 127 项指标数据 21 万个；持续推进长三角一体化协同监测，开展太湖、太浦河等重点水域和淀山湖、元荡、頔塘等示范区重点河湖的浮游动植物、底栖动物、水生植物及鱼类等指标的监测评价，并逐步扩大流域河湖健康评估范围，完成江苏无锡重要水域监测评估、浙江湖州典型河湖生态监测评估，为保护流域生物多样性、维护河湖健康生命提供重要抓手。北京市布设水生态监测站点共计 192 处，监测水体 178 个，对五大水系干流、主要支流、水库、湖泊和全部市级湿地实现全覆盖，监测生境、理化、生物等三类指标，全年在水生动植物生长周期的萌发期、繁盛期和衰亡期监测 3 个轮次，年度新增常规监测站点 26 处，并针对南水北调的生物入侵风险，在 37 个敏感水域开展冬季休眠期监测。江苏省全年开展 2 次全省 22 个国家重要水源地的 109 项全指标监测工作，编制《省辖国家 22 个重要水源地 109 项全指标监测年报》。江西省初步建立鄱阳湖主要鱼类基因数据库，绘制鄱阳湖水生生物多样性分布地图，连续 6 年对全省境内纳入"湖长制"管理的 86 个重点湖泊开展水生态监测。湖南省对东江湖、涟水、湘江长沙段和洞庭湖区域等水生态敏感区的 45 处站点开展常态化监测，监测指标涵盖拓展到浮游动植物、底栖生物等 10 余项，全年开展 2 次湖南省重点水域水生态监测评价。四川省印发《四川省省级重要饮用水水源地名录》，涵盖全省县级及以上水源地 171 个，完成了 41 个全国重要饮用水水源地安全保障达标建设评估并编制全省评估报告。

各地水文部门积极开展服务河湖长制水质监测工作。江苏省以 15 个省级河湖长履职河湖为单元，开展 34 个重要河湖的水质监测工作，编制《省级河湖长履职河湖水资源监测年报》。安徽省将市界断面水质自动监测站实时数据推送至省河长办"河长制决策支持系统"和省水资源管理系统，助力河长制管理和水资源保护。福建省对 1100 个乡镇界交接断面开展监督性监测并编制通报，全年抽测超过 4300 测次，为河湖长制考核工作提供水质赋分结果。江西省全面复核全省 978 条河流和 86 个湖泊的河长、流域面积基础信息，布设立体化水生态监测站网 800 余处，充分利用环境 DNA、无人机等新技术，开展省内 188 条河流湖泊健康评价工作，为河湖健康保障提供有力支撑。山东省每月编制《山东省省级骨干河道、湖泊及其一级支流水质状况通报》和各骨干河道水质状况简报（一河一单）及全省各市骨干河道水质状况简报（一市一单），为河湖健康管理提供水质数据支撑。湖北省全年完成全省河湖长责任河湖总计 767 处监测断面共计 3353 站次水质监测，编制水质月报（通报）93 份，为精准实施河湖治理决策提供基础依据。广西壮族自治区开发完成河长制水质水量评价系统和广西水文河长通 APP 并投入运行，实现水质水量水生态监测评价信息智能化，为河湖长制实施和最严格水资源制度考核提供及时准确的数据支持。重庆市全年完成了流域面积 50km^2 以上 510 条河流 758 个河长制水质断面 9096 站次的监测工作，汇总分析数据量达 13 万余个。四川省进一步修订《四川省河流（湖库）健康评价指南》，指导全省 1255 条河流（段）、湖库健康评价工作。贵州省开展全省 71 个市（州）界断面每两月一次的水质监测工作，编制《贵州省流域面积 300km^2 以上河流市（州）界断面水质状况简报》。

全国水文系统持续推进农村供水安全保障、引调水及农业灌溉用水水质监测工作。水利部水文司完成云南省农村供水问题动态清零检查工作，为全面落实农村供水问题动态清零机制、及时消除影响饮水安全的各类风险隐患、提高农村供水保障水平提供支撑。湖北省宜昌、黄石、孝感、荆门、随州、仙桃等 6 个分中心完成了各市 1296 处农村饮水监测断面共计 2539 站次水质监测工作，编制农饮水水质通报 42 份。重庆市制定并实施《重庆市农村饮水安全工程市级水质监督监测工作计划（2023 年）》，按季度对 35 个区县千人以上供水工程实施"四不两直"（不发通知、不打招呼、不听汇报、不用陪同接待，直奔基层、直插现场）供水工程随机抽检，助力农村饮水安全保障。新疆维吾尔自治区完成了阿勒泰、喀什地区 193 个水质样品的检测工作，助力保障农村饮水安全保障和乡村振兴。太湖局完成全年 3 次引江济太调水运行监测任务，完成 22 个断面（点）1443 站次的水资源调度监测工作，共监测 178 天，投入外业 867 人次、内业 1269 人次，分析样品 2113 个，获取水质数据 24147 个（含质控）。天津市完成南水北调东线北延供水、大运河全线贯通调水、永定河调水、华北地区复苏行动夏季调水加测工作，编制水质简报 37 期。河北省每月开展生态补水 17 条河湖 37 个断面的水质监测，完成了引江、引黄、大运河贯通、永定河生态补水、河湖复苏行动等生态补水工作，全年开展水质监测约 600 站次。江苏省持续开展引江济太水质监测以及时掌握引水影响区域水量水质变化情况，开展新孟河调水沿线 9 个重要断面水质本底值监测并编制分析评价报告。甘肃省开展 24 个 30 万亩以上大型灌区每年 2 次的水质监测，每个灌区设 3 个监测断面，监测项目 17 项。

全国水文系统结合工作实际开展专项水质监测工作。为落实习近平总书记"一泓清水永续北上"的指示批示，水利部组织编制了《丹江口库区及其上游流域水文监测系统建设实施方案》和《丹江口库区及其上游流域水文监测评价技术要求》（办水文〔2023〕252 号），为南水北调中线工程水源地水质安全保障提供了有力支撑。海委利用白洋淀淀区 23 处水文站、23 处水质站、34 处水生态站开展水生态监测，对淀区及 12 条出入淀河流、8 座水库开展有水河长遥感监测，编制完成《2023 年白洋淀水生态监测评价报告》；以华北平原区及滨海地区为重点，开展海（咸）水入侵对华北地区地下水超采治理和生态修复的影响专题调研，研究大规模河湖补水背景下海（咸）水入侵范围、运移机理和变化趋势，编制完成《2023 年度海河流域重点区域海（咸）水入侵状况评价报告》，为掌握流域海（咸）水入侵状况奠定基础。江苏省连续开展太湖湖泛巡查监测督导工作 245 天，巡查湖区面积超 14 万 km²，投入人力超 4000 人次，获监测数据 15 万余个，编发《太湖巡查简报》《太湖护水控藻水质简报》《太湖安全度夏期水质周报》《太湖湖泛巡查及水源地水质分析月报》等专题报告

900 余份；开展洪泽湖 49 个站点两月一次的水资源质量状况专项监测，获取监测数据 7000 余个，编发《洪泽湖水资源质量状况报告》6 期。山东省开展重要河湖及 210 条一级支流每月 1 次水质监测工作，取得监测数据 10 万个，编制《山东省省级重要河湖及其一级支流水质状况》报告 12 期；完成京杭大运河贯通补水水质监测，获取数据 1170 个，编制了《京杭大运河 2022 年全线贯通补水水质监测评估报告》，为科学评估补水效果提供了坚实保障。

各地水文部门及时高效开展突发水事件应急监测。长江委为应对三峡库区支流和汉江仙桃至新沟段突发水华事件，组织开展小江、香溪河、吒溪河、神农溪等 4 条库区支流和汉江中下游夏季水华现场应急监测，编制《三峡水库典型支流水华监测预警及原型调控抑制试验研究（2024—2028 年）》《汉江中下游河段水文水质综合监测规划（2024—2034 年）》和《汉江中下游水华应急监测简报》等成果，为水华监测预警及原型调控积累实践经验和数据基础；组织开展"8·28"陕西与河南交界处锑污染应急监测，指导编制监测简报 7 期，并利用数字孪生系统进行水质推演；持续做好长江口地区"抗咸保供"工作，基于自动监测站网开展数次咸潮入侵现场应急监测（图 8-3），为咸情滚动研判和长江口地区供水安全提供有力数据支撑。太湖局 4 月组织开展太浦河供水通道工业致嗅物质持续 19 天的应急监测，派出现场调查和监测采样 120 人次，

图 8-3　长江委咸潮入侵现场应急监测

采集站点 151 站次，获得监测数据 1460 组；7 月组织开展太浦河太浦闸 2- 甲基异莰醇持续 58 天的应急监测，派出现场调查和监测采样 300 人次，采集站点 386 站次，获得监测数据 9264 组；9 月组织望虞河引排水应急监测，编制完成《2023 年 9 月望虞河排水期间水质和藻类变化分析》等专项报告，为后期研究望虞河引排对流域河网水系影响积累资料。北京市针对水质异常突发事件开展应急监测 6 次，撰写专题报告及跟踪专报 14 期，海河 "23·7" 流域性特大洪水后，第一时间对发生水毁的自动监测站和 "水环境侦察兵" 监测点位进行现场核查，组织灾后修缮工作。甘肃省积极开展积石山县震后救灾行动，组织水质应急监测队奔赴灾区，对供水工程水源水、出厂水、末梢水进行现场检测，为震后饮水安全评估提供技术支撑。

专栏 13

扎实做好丹江口库区及其上游流域水质安全保障工作
助力 "一泓清水永续北上"

为贯彻落实习近平总书记关于南水北调中线工程水源地水质安全保障工作的重要指示精神和国务院有关工作部署，认真落实水利部党组和李国英部长关于加快构建严密的水文水质监测体系的工作要求，水利部水文司组织长江委和陕西、河南、湖北等流域和省水利水文部门，加强组织领导，强化部门协同和上下联动，扎实推进各项重点工作。按照李国英部长提出的 "应设尽设、应测尽测、应在线尽在线" 原则，2023 年 7 月，水利部水文司组织指导长江委及有关省份成立工作专班，全面检视丹江口库区及其上游流域水文水质监测体系现状及存在问题，从水文站网、水质站网、水生态站网、实验室建设、应急监测能力建设、"四预" 能力建设、管理体制与机制建设等 7 个方面，高效编制完成《丹江口库区及其上游流域水文水质监测系统建设实施方案》，并针对丹江口水源地的极端特殊性，在现有标准基础上，适当提高水文水质监测评价、实验室建设的技术要求，编制印发《丹江口库区及其上游流域水文监测评价技术要求》。10月，印发《水利部办公厅关于抓紧开展丹江口库区及其上游流域水文水质监测有关工作的通知》（办水文〔2023〕255号），督促指导"三省一委"（陕西省、河南省、湖北省、长江委）加快推动水文水质监测及分析评价工作落实落地。截至2023年年底，丹江口库区及其上游流域共新建水文站7处、水位站10处、雨量站11处，改建水文站8处、水位站9处，新增水质监测断面34处、水生态监测断面17处、入库河流水质自动监测站4处，提档升级水质自动监测站设施设备6处，进一步充实完善水文水质监测站网布局。持续开展陶岔渠首断面、库内及干支流断面的常规水质水生态监测，以及部分断面水生生物、109项全指标、生物残毒、底质等监测工作，编制完成《丹江口库区及其上游流域和中线总干渠水文水质监测分析评价月报》、109项全指标监测报告、水生生物监测报告等，为动态掌握丹江口库区及其上游流域水质水生态状况提供有力支撑。

二、水质监测管理工作

1. 水质监测质量与安全管理

水利部持续加强水利系统水质监测质量管理。2023年，水利部与市场监管总局、公安部、自然资源部、生态环境部、交通运输部、海关总署、国家药监局等七部委联合印发《关于组织开展2023年度检验检测机构监督抽查工作的通知》，组织开展"双随机、一公开"监督抽查水利水质监测领域5家国家级资质认定检验检测机构。水利部与市场监管总局等7部门联合印发《2022年度国家级资质认定检验检测机构监督抽查情况的通告》（2023 年第 17 号），对 2022 年度国家级资质认定检验检测机构监督抽查情况进行通报，水利系统 5 家国家级资质认定检验检测机构全部通过市场监管总局的"飞行检查"。根据水利部关于 2023 年水利安全生产工作的安排部署，印发《水利部水文司关于做好水质监测质量与安全管理工作的通知（水文质函〔2023〕8 号）》对《水质监测质量和安全管理办法》的贯彻落实工作进行梳理总结，编制完成《水质监测质量与安全管理工作总结报告》，通过仔细梳理、排查工作中存在的薄弱环节、突出问题和风险隐患，有力保障了安全生产工作。

各地水文部门持续加强水质监测质量与安全管理。珠江委认真组织新版《检验检测机构资质认定评审准则》宣贯培训，完成《质量管理体系文件》和《质量管理程序文件》换版，及时进行《生活饮用水标准检验方法》新版标准 203 个参数的变更申请并获批，保证饮用水水源地监测方法现行有效。太湖局对太湖流域片 28 家水利系统实验室进行盲样考核（挥发酚和砷），一次性合格率为 93.5%；组织上海市、江苏省 7 家单位进行盲样考核和实际样品比对，盲样考核结果均合格，比对水样结果均在《水环境监测规范》（SL 219—2013）允许范围内。北京市严格按照《北京市危险化学品使用单位安全风险隐患排查治理导则》要求，投资 77 万元用于空间分割、风机联动报警、排风系统及污水处理系统改造等实验室安全专项建设。辽宁省印发《辽宁省河库管理服务中心（辽宁省水文局）关于进一步加强实验室易制爆危险化学品管理的通知》《辽宁省河库管理服务中心（辽宁省水文局）关于印发水环境监测实验室安全事故应急预案的通知》等系列文件，不断完善水质监测安全作业程序和管理制度。浙江省修订《浙江省水文管理中心易制毒易制爆化学品安全管理制度》《仓库管理制度》《废弃物管理制度》和各分中心《安全管理制度》，进一步完善省中心和市级分中心"三个职责清单"，实现水质监测安全管理制度建设—计划—检查全链条闭环管理，全年组织水质监测安全演练、实验室安全教育等培训

200 余人次，进一步增强从业人员安全责任和风险防范意识。

2. 水质监测技术标准建设

水利部组织编制印发《河湖水生态监测技术指南（试行）》（办水文〔2023〕34 号），有序推进全国江河湖库水生态监测工作，持续提升水利行业水生态监测能力。长江委参编完成的中国水利学会团体标准《水质 高锰酸盐指数的测定 自动氧化还原滴定法》（T/CHES 100—2023）批准发布。珠江委参编完成的水利学会团体标准《水质 8 种烷基酚类化合物和双酚 A 的测定 气相色谱–质谱法》（T/CHES 101–2023）批准发布。北京市编制完成的北京水利学会团体标准《水质 碱度、碳酸盐和重碳酸盐的测定 自动电位滴定法》（T/BHES 0001—2023）批准发布。安徽省承担编制的《安徽省河流水生态监测技术规范》《平原河网地区河流健康评价技术规范》通过立项。

3. 水质监测评价新技术新方法应用

2023 年，全国水文系统加强水质监测评价新技术新方法的应用。珠江委成功承办基于气相分子吸收光谱法的全自动 COD_{Mn} 分析技术推介会；"饮用水水源地智慧监管方法及装置"及"水生生物智能化 PIT 射频芯片跟踪技术"入选 2023 年水利先进技术推广目录；"水生生物智能跟踪技术""地下水自动洗井系统"等技术装备参展第四届全国水文技术装备推介会。太湖局启动环境 DNA 监测方法研究，通过"淀山湖蓝藻水华爆发主要因子识别及蓝藻监测的分子生物学方法研究"和"太湖水源地滨岸带湖泛防控关键技术及装备集成研发"两项科技项目，开展基于分子生物学技术对特征藻类遗传基因的研究。北京市应用自动电位滴定法替代人工滴定法，实现了总硬度、钙、镁、总碱度、碳酸盐碱度、重碳酸盐碱度、碳酸盐、重碳酸盐等参数的自动检测；应用浮游植物多微流道显微镜，搭配 AI 智能识别算法，实现浮游植物自动检测；建成全国首个水生生物 AI 智能识别自动监测站网，包括 15 座鸟类、3 座鱼类监测站，实现河湖鸟类、鱼类智能识别和自动监测；遥感监测技术监测成果成功纳入《北

京市水生态监测及健康评价报告》和《北京市水务统计年鉴》，作为北京市水
生态区域补偿考核的重要依据。

三、水质水生态监测成果及应用

1. 监测成果信息应用与共享

全国水文系统积极开展水质监测评价工作，为各级政府及相关部门提供技
术支撑和决策依据。水利部水文司组织编制完成《2022 年全国地下水水质状况
分析评价报告》和《2022 中国地表水资源质量年报》，持续推进部门间信息共
享，与自然资源部共享两部门国家地下水监测工程水质监测成果，向生态环境
部提供水利部门监测的 2022 年地表水和地下水水质监测成果，同时，向生态
环境部提供地下水水质有关监测数据，用于支撑财政部重点生态功能区转移支
付工作，为财政部生态补偿工作提供基础数据支撑。

北京市发布水质公示月报 12 期、黑臭水体跟踪监测月报 12 期、密云水库
流域总氮溯源性监测月报 12 期等各类报告总计 108 余份。内蒙古自治区编制
完成《内蒙古自治区"一湖两海"2022 年水环境质量年报》《内蒙古自治区
"一湖两海"水环境监测通报》《内蒙古自治区西辽河流域 2022 年地表水资
源质量年报》《内蒙古自治区西辽河"量水而行"水资源质量监测通报》《岱
海 2023 年水生态初探调查研究报告》等成果，客观反映了"一湖两海"、西
辽河流域及全区主要河流湖库水质状况、时空变化特征。辽宁省编制完成《辽
宁省重点水质站水质通报》12 期、《辽宁省主要供水水库及重要输（供）水工
程水质通报》24 期以及《辽宁省地下水水质监测评价报告》《辽宁省水生态监
测报告》《辽宁省 2022 年度全国重要饮用水水源地安全保障达标建设评估报告》
等报告 40 余份，有效支撑了辽宁省水资源管理与保护工作。江西省编制完成《江
西 1km² 以上湖泊水生态监测报告》《鄱阳湖水生态健康蓝皮书》《江西省水
生态环境专报》《江西省大气降水水质监测分析报告》等系列成果，为河湖治

理保护提供决策支持。湖北省编制完成《2022 年度湖北省地表水资源质量年报》《2023 年湖北省天河水生态监测报告》《2023 年湖北省清江水生态监测报告》《2023 年湖北省香溪河水生态监测报告》《2023 年湖北省黄柏河水生态监测报告》等，支撑管理决策。湖南省编制完成《横江铺河流健康评价》《东江湖流域水生态安全监测与预警体系构建及可视化项目》等系列成果，发布《岳阳市芭蕉湖健康评价报告》《湖南省水资源质量状况通报》等各类简报通报近 330 期，服务地方生态治理需求。云南省编制完成《牛栏江 – 滇池补水工程水资源监测简报》12 期、《云南省省级河长水质月报》12 期、《云南省省级河长断面水质分析研判预测预警》4 期以及《云南省重点水域水生态监测报告（2023 年）》《云南省重点水域河道暴雨径流过程污染物变化研究报告》等 75 项 495 期成果报告。

2. 水质水生态科学与研究

长江委"湖泊水环境监测关键技术创新"获中国产学研合作创新二等奖，"三峡工程库区水环境质量演化及其安全保障"获大禹水利科技进步奖二等奖。海委"地下水超采治理决策支持平台"等 2 项科技成果入选 2023 年度成熟适用水利科技成果推广清单和 2023 年度水利先进实用技术重点推广指导目录。安徽省积极推进"安徽沿江圩区水资源保护与水功能提升关键技术及应用"等课题研究，其中"巢湖流域水文水生态监测评价与水功能提升关键技术"获安徽水利科学技术奖一等奖。江西省成功申报"水利＋科技"项目 2 项、申报水利厅重点科技项目 3 项，完成江西水文首个江西省科协决策咨询课题 1 项。广西壮族自治区完成"MIKE 耦合模型在郁江贵港河段的应用研究"并通过验收，成功立项自治区重点研发项目"基于卫星遥感影像的河流水库水质污染预警应用技术研究"，大力开展"桂东南流域水体中典型高风险污染物识别与控制""电导率作为河流水环境时空变化指示性指标的探索性研究—以西江中上游梧州段为例"等科研项目研究。云南省开展程海湖溶解氧垂向分布研究，泸沽湖常见浮游植物图谱及影响因子的相关性研究，临沧流域水系常见底栖动物图谱，九大高原湖泊浮游生物及底栖生物图谱，云南省重点水域河道暴雨洪水过程污染物变化研究等多项专题研究。西藏自治区根据第二次青藏高原综合科学考察研究有关任务要求，开展拉萨河源头水文综合第二批次科学考察（图8-4）。

图8-4　西藏自治区组织开展拉萨河源头水文综合第二批次科学考察

第九部分

科技教育篇

2023 年，全国水文系统持续加强水文科技和教育培训力度，水文科技应用成效日益显著，水文人才队伍不断壮大优化，水文职工专业素质稳步提高，水文科技管理、标准化建设工作持续提升，重大课题研究和关键技术攻关取得一系列丰硕科研成果。第十届全国水利行业职业技能竞赛水文勘测工大赛暨第七届全国水文勘测技能大赛决赛成功举办，进一步增强水文职工行业管理和业务工作能力。

一、水文科技发展

水文科技成果丰硕、应用成效显著。水利部水文司持续跟踪指导中国水科院、南科院、河海大学、各流域水文局等单位开展泥沙模型、智慧化流域产汇流及洪水预报模型研发工作。长江委"智慧水文监测系统（WISH 系统）"等12 项科技成果、黄委"国产河流泥沙激光粒度仪"等 2 项科技成果、淮委"淮河防洪预报—预警—预演—预案系统 V1.3、防汛雨量分析系统 V2.0"等 3 项科技成果、海委"海河流域防洪'四预'关键技术"等 4 项科技成果、珠江委"水生生物智能化 PIT 射频芯片跟踪技术"等 4 项科技成果，入选 2023 年度水利先进实用技术重点推广指导目录和成熟适用水利科技成果推广清单。

长江委联合 16 家单位牵头成立流域首家水文感知创新联盟。首次牵头承担"流域智慧管理平台构建关键技术及示范应用"等 4 项国家重点研发计划课题，"长江流域'河－库系统'产汇流机制及洪水智能预报模型"成功获批国家自然科学基金长江水科学联合基金项目。"梯级水库群如何实现汛期运行水位联

合优化调控"被成功推荐入选中国科协2023年度十大产业技术难题并全国发布。首次获批湖北省国际科技合作基地。

黄委自主研发的"HHSW·NUG-1型光电测沙仪"（图9-1）"国产河流泥沙激光粒度分析仪"等水文测验仪器亮相第18届世界水资源大会、第十八届国际水利先进技术（产品）推介会、第四届水文监测仪器设备推介会。"不同下垫面条件对流域水文生态过程的影响机制"获批黄河水科学研究联合基金项目，"变化环境下黄河中游洪旱灾害时变风险研究"等2项成果获批黄委优秀青年人才科技项目。

图9-1 黄委水文局自主研发的"HHSW·NUG-1型光电测沙仪"

珠江委水文局首次自立科技项目近20项，组建雨水咸情预测预报、水文信息化等创新专业团队，珠江流域水环境科学数据中心获批成为首个省级科研平台。成功申报"水质智能监测技术推广基地"，成为水利部首批设立的12个先进技术推广基地之一。挂牌广东省博士工作站、生物多样性保护研究基地、东江源区水生态实验室和东江源区三百山水文实验站。

松辽委聚焦实现界河封冻期水位自动监测，研制适用于河流封冻期水位自动监测设备，获得2项实用新型专利。

各地水文部门持续加强业务与科技融合，不断提高水文科技应用水平。河北省建成了河北省首家水文科普基地——邢台水文中心柳林研学科普基地；全年有 15 项科研项目获河北省水利学会科技进步奖，有 6 个单位与河海大学等高校合作建成教学就业实践基地。辽宁省台安径流实验站与大连理工大学合作，成为水利部全国 20 个野外科学观测研究站之一；彰武墒情实验站等 3 个实验站与南自所合作，共建水文实验基地。吉林省第一个水文科技展览馆——大赍水文科技馆基本建成，展示吉林水文发展历程和技术创新成果等。浙江省"基于内生安全的数字化水文端到端解决方案"入选"2023 年浙江省数字化改革网络安全优秀案例"。江西省数字孪生乐安河的防洪减灾功效在实战中得到检验，在第六届数字中国峰会、2023 江西国际移动物联网博览会上深受认可。云南省与华为技术有限公司签署合作协议，成立全国水文系统首家联合创新实验室，从视觉、雷达、多光谱、大数据、人工智能、物联网等融合感知方面开展试验和应用；"基于雷视与声学多普勒流速剖面仪智能融合测流技术研究"入选 2023 年度水利部水利先进实用技术重点推广指导目录；"5G+ 小流域 X 波段高分辨测雨雷达系统"获云南省第六届"绽放杯"技术新苗奖；获得实用新型专利 6 项，软件著作权 3 项。陕西省加强校企合作，与中山大学等高校就溪流河模型研发、水文站大跨度钢结构及双缆（四缆）应力计算、智能升降式测速雷达系统开展合作研究，基于水文规约的自动计算流量测验软件取得国家版权局计算机软件著作权登记证。青海省坚持"生产带动科研，科研推进生产"的工作思路，积极开展技术合作和科技攻关，年内登记专业技术成果 81 项、软件著作权 1 项、发表论文 20 篇（其中核心论文 8 篇）、发布地方标准 8 项。2023 年获省（部）级荣誉的主要科技项目见表 9-1。

表 9-1　2023 年获省（部）级荣誉的主要科技项目表

序号	项目	承担或参与的单位	获奖名称	年度	等级	授奖单位
1	流域水安全全息监测与全域预报预警关键技术	长江水利委员会水文局	湖北省科学技术进步奖	2022	一等奖	湖北省人民政府
2	三峡工程河库系统生境演化规律及水沙适应性调控	长江水利委员会水文局	湖北省科学技术进步奖	2022	一等奖	湖北省人民政府

序号	项目	承担或参与的单位	获奖名称	年度	等级	授奖单位
3	黄河水"四定"计量技术与数据溯源关键技术研究及应用	黄河水利委员会水文局、山东省水文中心	黄河水利委员会科学技术奖	2023	一等奖	黄河水利委员会
4	大藤峡水利枢纽深水陡变河床截流及围堰建设运行关键技术	珠江水利委员会水文局	中国大坝工程学会科技进步奖	2023	一等奖	中国大坝工程学会
5	干旱风险下长江流域干支流多源供水协同调控关键技术	长江水利委员会水文局	中国大坝工程学会科技进步奖	2023	一等奖	中国大坝工程学会
6	水风光互补调度与全生命周期装机容量配置一体化关键技术	长江水利委员会水文局	中国大坝工程学会技术发明奖	2023	一等奖	中国大坝工程学会
7	长江上游"河流-水库"水体信息智慧感知及演变关键技术	长江水利委员会水文局	重庆市科技进步奖	2022	二等奖	重庆市人民政府
8	城市洪涝系统治理与智慧管控关键技术及示范	江西省水文监测中心	江西省科学技术进步奖	2022	二等奖	江西省人民政府
9	黄河上游重点流域水环境分区管控与精准治污决策关键技术及应用示范	青海省水文水资源测报中心	青海省科学技术进步奖	2022	二等奖	青海省人民政府
10	湖北省中小河流及城市水文监测预报预警关键技术研究与应用	湖北省水文水资源中心	长江科技进步奖	2023	二等奖	长江技术经济学会
11	基于降水数据精准挖掘的预报调度关键技术与应用	珠江水利委员会水文局	中国大坝工程学会科技进步奖	2023	二等奖	中国大坝工程学会
12	河湖流量、冰情智能测控装备和预报调度关键技术及应用	湖南省水文水资源勘测中心、西藏自治区水文水资源勘测局	中国大坝工程学会技术发明奖	2023	二等奖	中国大坝工程学会
13	珠江流域洪水预报与实时模拟关键技术及应用	广东省水文局	中国产学研合作创新与促进奖创新成果奖	2023	二等奖	中国产学研合作促进会
14	长江流域干旱演变规律与旱灾风险综合评估及应对方法	长江水利委员会水文局	湖北省科学技术进步奖	2022	三等奖	湖北省人民政府
15	水资源、水环境开发与保护关键技术	海河水利委员会漳河上游局水文水环境中心	河北省科学技术进步奖	2022	三等奖	河北省人民政府
16	北京山区洪涝灾害风险系统化防控技术集成与推广应用	北京市水文总站	北京市农业技术推广奖	2022	三等奖	北京市人民政府
17	安徽省高影响降水过程预报精准度提升关键技术及应用	安徽省水文局	安徽省科学技术进步奖	2022	三等奖	安徽省人民政府
18	数字孪生流域关键技术研究及示范应用	福建省水文水资源勘测中心	福建水利科学技术奖	2023	三等奖	福建省水利学会
19	泥沙在线监测及远程智能采集系统研发与应用	湖南省水文水资源勘测中心	湖南省水利水电科技进步奖	2022	三等奖	湖南省水利学会

二、水文人才队伍发展

1. 强化人才管理和激励机制建设

水利部高度重视人才队伍建设，组织指导各地水文部门强化人才管理，建立健全激励机制。长江委制定《水文局青年职工导师制管理办法》，修订《水文局专业技术四级岗位及以下管理办法》，优化专技八级及以下聘用程序，多举措畅通职工成长成才之路。黄委修订印发《水文局高层次专业技术人才选拔管理实施意见》，充分发挥高层次人才引领作用。海委修订《水文水资源局领导干部选拔任用办法》，补充职称作为干部选拔任用条件，设定干部任期制，进一步树立鲜明的选人用人导向。太湖局印发《太湖流域及东南诸河水文预报专家库管理办法》，完成第一届预报专家推荐选拔。江苏省组织修订《江苏省水文水资源勘测局规范干部管理工作实施办法》《江苏省水文系统技师工作室管理办法》《江苏省水文水资源勘测局职工教育培训管理规定》《省水文局干部人才培养实施方案》。安徽省出台《安徽省水文局人才队伍建设三年（2023—2025年）行动计划》。江西省创新出台《省水文系统人才培养激励机制》（试行），实行奖励积分制，正向引导全省水文干部担当作为。湖北省制定《关于加强和改进新时代水文人才工作的实施方案》，全方位谋划水文人才的发展目标、路径、措施。广西壮族自治区制定印发《自治区水文中心党委关于适应新时代要求进一步加强年轻干部培养选拔工作的意见》。海南省制定《选人用人工作制度（试行）》《党委会议事规则》等管理制度。重庆市印发《干部下派锻炼实施办法（试行）》，采取以师带徒、岗位交流、技术培训、上级锻炼等手段积蓄发展生力军。贵州省印发《贵州省水文水资源局专家库组建实施方案》《贵州省水文水资源局专家库管理暂行办法》。青海省办实办好"青海省劳模（职工）创新工作室"，有效发挥示范引领、集智创新、协同攻关、培育精神等功能。宁夏回族自治区成功创建"宁夏水文职工创新工作室"，获得农林水财轻工工会挂牌，促进技术创新个体优势发展为群体优势。

2. 多渠道培养水文人才

全国水文系统以提升水文人才队伍整体水平、做好水文支撑为目标，坚持以岗位需求为导向，将专业技术知识、业务理论、干部文化素养和党性教育等作为年度培训重点内容，因地制宜开展内容丰富的教育培训活动，对提升业务干部、技术人才和管理人员等水文队伍的整体能力水平起到了良好推动作用。

水利部水文司组织开展第七届全国水文勘测技能竞赛（图9-2），经过层层预赛选拔，来自水利行业从事水文勘测一线技术技能工作的80名选手于11月在广东韶关进行决赛，水利部副部长田学斌、副部长刘伟平分别出席开幕式和闭幕式。长江委女选手杜思源个人综合排名第一。本届大赛是水利行业中项目最多、历时最长、参赛人员最多的竞赛，对于推动水文行业技术技能人才队伍建设具有重要作用。珠江委和山西、江苏、安徽、山东、重庆、贵州、云南等流域和省（直辖市）分别举办了水文勘测技能、水质（水生态）监测、无人机应用、水文预报、水文应急监测等多种主题的技能竞赛。

图 9-2 第七届全国水文勘测技能竞赛决赛现场

长江委依托长江水文人才信息库精准实施"一人一策"个性化培养策略，高层次人才培养多点开花。淮委加强干部队伍建设统筹谋划，实施"传帮带"青年职工培养工程（二期），35岁以下青年人才占比达到48%，持续推进首席预报员制度建设。海委高度重视人才队伍建设，着力打造中层干部"业务骨干"

和青年干部"拔尖人才"两个梯队。珠江委组织开展第一届"最美水文人"评选、举办珠江源水文科考、挂牌广东省博士工作站；组建雨水咸情预测预报、水文信息化等创新专业团队，打造多通道的人才培养模式。太湖局首次组织开展"防汛减灾预报比武"。吉林省按照人才密集型单位标准，将正高级专业技术比例提高至13%，正高级专业技术岗位增加8个。浙江省依托浙江水利水电学院、河海大学等水利高校的产教融合基地通过科研创新、产教融合、师资互聘等方式，探索双向联合培养和专业技术干部培育提升的新途径。江西省进一步强化水文专业技术技能人才培养，组建221名水情、测资、水质、水资源四个专业干部培养梯队。山东省制定印发年轻干部成长培养总体方案，对新进人员实施"1+1"跟踪培养，重点培育打造7支创新团队。湖北省完成1个创新人才团队评审申报、3个湖北省水利技能人才工作室评选挂牌工作。广东省积极推广学术交流活动，邀请张建云院士作题为《新时期水文监测预报工作发展与思考》的报告，与河海大学博士团进行座谈和交流学习。广西壮族自治区就干部人才梯队和定岗定人定责、考核奖励机制和表彰奖励结果运用、技能人才队伍建设等分专题开展调研。四川省在水文系统内公开选拔12名地区水文中心副主任，进一步拓宽选人用人渠道。宁夏回族自治区深入推进干部交流"源泉工程"，推动干部跨部门、跨领域、跨条块、跨层级交流任职，增加干部专业经历。

3. 稳定发展水文队伍

截至2023年年底，全国水文部门共有从业人员73692人，其中：在职人员25153人，委托观测员48539人，基本保持稳定。离退休职工18549人，较上一年增加526人。

在职人员25153人，其中，管理人员2673人，占10%；专业技术人员19804人，占79%；工勤技能人员2676人，占11%（图9-3）。专业技术人员中，具有高级职称的6005人，较上一年增加5人，占30%；具有中级职称的7041人，较上一年减少43人，占36%；中级以下职称的6758人，较上一年增加422人，占 34%（图 9-4）。

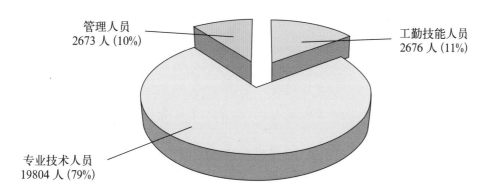

图 9-3　在职人员结构图

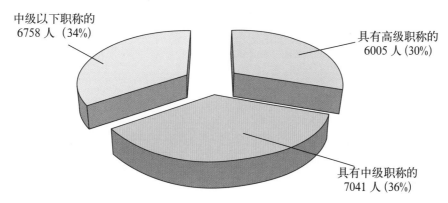

图 9-4　水文部门专业技术人员结构图

专栏 14

第七届全国水文勘测技能大赛决赛成功举办

11 月 7—11 日，第七届全国水文勘测技能大赛决赛在广东韶关成功举办。

大赛决赛开幕式由水利部水文司司长林祚顶主持，水利部党组成员、副部长田学斌出席并讲话，广东省人民政府副省长张少康致辞。田学斌在讲话中深入分析了水利人才队伍建设的新形势新要求，充分肯定了水利行业职业技能竞赛在水利技能人才队伍建设中的重要作用，高度赞扬了基层水文职工在防汛抗旱水文测报中取得的突出成绩，并对办好本届大赛决赛提出了殷切的希望和要求。

水利部党组成员、副部长刘伟平出席大赛决赛闭幕式为获奖选手颁奖并讲话。刘伟平在讲话中充分肯定了近年来全国水文系统水文技术技能人才培养的显著成效，指出本次大赛充分体现了新阶段水文工作的新特点新要求，全面展示了水文勘测队伍精湛的技术水平和良好的精神风貌，极大地激发了广大水文勘测职工钻研业务、提高技能，积极投身水文勘测事业的热情。同时对各单位、各参赛选手提出了殷切希望和具体要求，要切实发挥示范带动作用，加强高技能人才队伍建设和培养，加快推进水文现代化建设。

本届大赛是水利行业中项目最多、历时最长、参赛人员最多、新技术应用程度最高的职业技能竞赛。大赛决赛分为理论知识、内业操作考试和外业操作两部分，其中外业操作包括无人机测流、ADCP测流、缆道测流、雨量水位监测仪器安装调试、水质监测和泥沙取样、水文测量等6个单项竞赛，来自水利行业从事水文勘测一线技术技能工作的80名选手参赛。

在四天紧张的竞赛过程中，参赛选手们始终以饱满的热情、严肃认真的态度和顽强拼搏的精神参赛，努力克服赛程紧、项目多、降雨天气影响等重重困难，从实战角度出发，顶风冒雨、连续作战，进行的不仅仅是技术技能的比拼，更是体能耐力和意志品质的比拼，赛出了风格、赛出了水平。人民日报、新华社、工人日报、央广网等13家中央媒体对决赛进行多角度深入报道，吸引了社会的广泛关注。最终，长江水利委员会水文局杜思源、湖北省水文水资源中心陈攀、江西省水文监测中心丁吉昆分别获得决赛前三名。

  全国水文勘测技能大赛从 1992 年开始举办，每 5 年一届，是全国水文系统锻炼队伍、交流成果、展示技艺的传统品牌赛事。本次大赛由水利部人事司、中国就业培训技术指导中心、中国农林水利气象工会全国委员会联合举办，决赛由水利部水文司、水利部人事司联合主办，水利部人才资源开发中心、广东省水文局、韶关市人民政府协办。

附　录

2023 年度全国水文行业十件大事

1. 党中央国务院和水利部领导高度重视水文工作。

2023 年 7 月 4 日，习近平总书记对重庆等地防汛救灾工作作出重要指示，要求加强统筹协调，强化会商研判，做好监测预警；8 月 1 日，习近平总书记对北京、河北等地防汛救灾工作作出重要指示，强调当前正值"七下八上"防汛关键期，各地区和有关部门务必高度重视、压实责任，强化监测预报预警，落实落细各项防汛措施。8 月 8 日，李强总理主持召开国务院常务会议研究灾后恢复重建工作时指出，要立足抗大洪、抢大险，加强研判预警。李国英部长在水利工作会议、部务会和检查调研活动中多次强调，要加快构建气象卫星和测雨雷达、雨量站、水文站组成的雨水情监测预报"三道防线"，进一步延长雨水情预见期、提高精准度；加强水文现代化建设，加快现有水文站网现代化改造；善用现代化水文监测技术与设备，提高洪水监测能力；加快数字孪生水利建设，着力提升预报预警预演预案能力。

2. 雨水情监测预报"三道防线"加快构建。

李国英部长主持召开专题会议研究加快构建雨水情监测预报"三道防线"工作。水利部组织召开水利测雨雷达试点建设应用现场会，刘伟平副部长出席会议并讲话，部署推进水利测雨雷达建设工作。水利部办公厅印发《关于加快构建雨水情监测预报"三道防线"实施方案》和《关于加快构建雨水情监测预报"三道防线"的指导意见》，部署开展雨水情监测预报"三道防线"建设先行先试工作。湖南、河北、北京、山东、安徽等省（直辖市）积极开展测雨雷达建设应用，湖南椒梨水文站推进雨水情监测预报"三道防线"建设入选 2023

年水利十大基层治水经验，河北建成覆盖雄安新区全境的测雨雷达网。

3. 水利部认定并发布第一批百年水文站名单。

7月，水利部认定汉口、城陵矶、三门峡、杨柳青、通州、筐儿港、枣林庄、沈阳、吉林、哈尔滨、南京、镇江、拱宸桥、芜湖、台儿庄闸、长沙、马口、潮安、南宁、桂林、都江堰、昆明等22处水文站为第一批百年水文站。百年水文站发展至今，已累积形成了长系列水文观测资料，对掌握水文历史演变规律，预测未来水文情势变化，支撑水旱灾害防御、水资源配置管理、水生态环境保护等发挥重要作用，对经济社会发展意义重大。光明日报、中国水利报、水利官微对百年水文站进行专题报道。第一批百年水文站的认定，对加强水文站的保护和历史传承，促进水文事业发展，服务国家水网建设，推动新阶段水利高质量发展等具有重要意义。

4. 第七届全国水文勘测技能大赛决赛成功举办。

11月7—11日，第七届全国水文勘测技能大赛决赛在广东韶关成功举办，水利部副部长田学斌、刘伟平分别出席开闭幕式并讲话。本届大赛是水利行业中项目最多、历时最长、参赛人员最多、新技术应用程度最高的职业技能竞赛，人民日报、新华社、工人日报、央广网等13家中央媒体对进行多角度深入报道，吸引了社会的广泛关注。竞赛通过理论考试、内业操作考试和外业操作，对来自全国水文基层单位的80名选手进行全面考核，长江委水文局杜思源、湖北省水文水资源中心陈攀、江西省水文监测中心丁吉昆分别获得决赛前三名。

5. 水文工作会议在京召开。

2023年3月15日，水利部在京召开全国水文工作会议，水利部副部长刘伟平出席会议并讲话。会议以党的二十大精神为指导，贯彻落实党中央、国务院决策部署和水利部党组工作要求，全面加快水文现代化建设，为推动新阶段水利高质量发展提供有力支撑，要求完善水文站网，加快水文设施提档升级，构建气象卫星和测雨雷达、雨量站、水文站组成的雨水情监测预报"三道防线"，推动水利工程同步配套建设现代化水文设施；全力做好水旱灾害防御支撑，做实做细汛前准备，加强雨水情监测，强化"四预"措施，强化旱情监测预测分析；积极拓展水资源水生态监测分析评价，紧紧围绕水资源管理、水生态保护，加强江河和重要控制断面、重点地区水文水资源监测分析；强化水文行业管理能力，发挥好水文在水利和经济社会发展中基础性支撑作用；持续提升水文科技创新水平，提升创新能力；持之以恒深入推进全面从严治党，加强党风廉政建设。

6. 水文支撑打赢海河流域性特大洪水等暴雨洪水防御硬仗成效显著。

2023 年，我国江河洪水多发重发，708 条河流发生超警以上洪水，海河流域发生 60 年来最大流域性特大洪水，松花江流域部分支流发生超实测记录洪水。面对复杂严峻的汛情险情，全国水文部门坚决扛起防汛天职，贯通"四情"防御，落实"四预"措施，绷紧"四个链条"，全力做好雨水情监测预报预警工作，汛期共采集雨水情信息 30 亿条，出动应急监测 15235 人次，发布洪水预警 1507 次，为打赢防汛抗洪硬仗提供了有力支撑。在迎战海河"23·7"特大洪水过程中，海委、北京、河北、天津等水文部门逆行出征、向险而行，共施测流量 3195 站次，抢测洪峰 359 场，采集报送雨水情监测信息 142 万余条，滚动预报 9300 余站次，发布洪水预警 86 次，为打赢流域性特大洪水防御硬仗奠定了坚实基础。央视新闻直播间和新闻"零点故事"栏目专题报道海河流域"23·7"洪水期间水文职工典型事迹。

7. 水文科技创新和国际交流取得新成效。

第五届全国水文标准化技术委员会和全国水文标准化技术委员会第四届水文仪器分技术委员会成功换届，《水文站网规划技术导则》行业标准和《地下水监测工程技术标准》国家标准修订发布，《河湖水生态监测技术指南（试行）》《冰情监测预报技术指南》《高洪水文测验新技术新设备应用指南》等一批技术规范性文件印发实施，水文技术标准体系进一步完善。以"推广先进水文技术装备，加快构建雨水情监测预报'三道防线'"为主题的第四届水文监测仪器设备推介会成功举办。中国成功连任联合国教科文组织政府间水文计划（IHP）政府间理事会成员，8 名中国专家学者成功竞选国际水文科学协会（IAHS）主要职位。积极推进跨界河流水文资料交换，成功续签《中华人民共和国水利部和越南社会主义共和国自然资源与环境部关于相互交换汛期水文资料的谅解备忘录》。

8. 主题教育和精神文明建设成效显著。

全国水文系统以学习宣传贯彻党的二十大精神为主线，深入开展学习贯彻习近平新时代中国特色社会主义思想主题教育，牢牢把握"学思想、强党性、重实践、建新功"的总要求，以主题教育为"魂"，激发干事创业的强大动力，深入推进思想建设和政治建设，各单位结合实际，组织开展学习讨论和各具特色的调研活动，将理论学习、调查研究、推动发展、检视整改等一体推进，取得了实实在在的成效。黄委龙门水文站荣获第四届"最美水利人"集体奖、花园口水文站获"全国青年安全生产示范岗"，海委水文局程兵峰、广西桂林水文中心莫建英荣获第四届"最美水利人"个人奖。

9. 水文基础设施现代化和数字孪生建设加快推进。

水利部印发《关于推进水利工程配套水文设施建设的指导意见》《水利工程配套水文设施建设技术指南》，河北、吉林、云南、陕西、山东等地陆续出台地方实施意见和细则。水文系统认真贯彻落实习近平总书记关于防汛抗洪和灾后恢复重建等有关要求，组织做好新增国债支持灾后重建和能力提升水文基础设施建设；水利部办公厅印发《关于加强超标准洪水测报水文基础设施建设的通知》，指导应对超标准洪水水文基础设施建设。黄委科学编制测验方式优化和现代化建设方案，制定规划设站原则指标。海委印发《海河流域水文测站现代化建设指南（试行）》。云南、山东、安徽、湖北、江苏等地相继出台水文现代化建设规划和标准指南，着力推进水文基础设施设备现代化建设。长江委打造水文孪生应用智慧平台，实现水文业务协同服务和支撑管理精细化、智能化。黄委兰州水文站成为黄河干流首个全要素"在线监测＋数字孪生"水文站。淮委数字孪生淮河先行先试建设完成。湖北、吉林等省份积极推进数字孪生水文站试点建设。

10. 水资源水生态监测能力持续加强。

水利部水文司组织长江委和相关省区水文单位编制完成《丹江口库区及其上游流域水文水质监测系统建设实施方案》，积极组织开展监测工作，编制水文水质监测分析评价月报。水文系统开展省界和重要控制断面监测和分析评价，完成华北地区河湖生态补水及西辽河等重点区域水文监测分析工作；强化生态流量监测预警，组织开发全国重点河湖生态流量监测预警系统；加强地下水监测分析评价，完成华北地区和重点区域地下水动态分析评价，对华北地区地下水超采区地下水水位开展逐月预警。长江委水文局建成水文系统首个水质监测全自动智能实验室，实现 90 余项水质参数全自动分析。海委开展海河流域华北平原区海（咸）水入侵年度评价工作，编制完成《2023 年海河流域重点区域海（咸）水入侵状况评价报告》。浙江水文保障亚运赛事，逐时监测富春江河段水位流量，助力水上皮划艇赛事成功举办。

2023 年度全国水文发展统计表

单位名称	国家基本水文站/处	专用水文站/处	水位站/处	雨量站/处	蒸发站/处	地下水站/处	水质站（地表水）/处	墒情站/处	实验站/处	报汛报旱站/处	可发布预报站/处	测流缆道/座	机动测船/艘	无人机/架	在线测流系统/处	声学多普勒流速仪/台	房屋总面积/m²	办公用房/m²	生产业务用房/m²	水质实验室/m²	固定资产总值/万元	事业费/万元	基建费/万元	各项经费总额/万元	在职人员/人	离退休人员/人	委托观测/人
北京市水文总站	61	59		245		1315	306	38		1138	40	93		1	244	25	11920	3596	8324	2272	26979	16437	1874	18618	156	103	193
天津市水文水资源管理中心	29	37	2	29		721	155	3		167	5	26	3	1	1	13	21509	6574	14492	1777	19498	12545	2872	15417	267	207	31
河北省水文勘测研究中心	136	90	867	2782		3151	143	188	2	8180	245	141	7	12	112	122	83210	27235	52420	6902	101469	42154	10513	54140	1074	609	5534
山西省水文水资源勘测总站	68	48	234	4146		2765	133	97	2	402	11	166			39	13	61627	20722	37753	7703	87887	23897	4700	28597	547	395	5356
内蒙古自治区水文水资源中心	148	138	24	1408		2524	209	355		2866	7	54	5	23	79	53	67127	26739	35008	2025	87326	30159	8085	38308	794	576	2607
辽宁省水文局	123	96	58	1611		1032	364	96	3	3088	42	50	31	28	88	70	85961	32277	40580	8740	88519	39464	3703	43167	916	618	2576
吉林省水文水资源局	109	111	98	1931		1795	142	305	2	2546	87	73	27	9	31	75	75158	29656	42922	6679	71935	23436	4215	27651	672	607	4180
黑龙江省水文水资源中心	120	155	159	1973		3134	277		4	3955	101	59	250	9	4	168	73958	15984	56158	4184	84258	23517	7466	33642	983	625	4521
上海市水文总站	12	24	198	149		54	430			406	6		2	1	49	90	30617	5651	23059	5454	36769	25323		25323	300	269	10
江苏省水文水资源勘测局	159	155	283	282		654	1022	35		1890	43	143	9	33	113	141	108229	46926	52064	17550	95830	56712	6744	63456	799	528	410
浙江省水文管理中心	95	677	8967	2742		166	294	20	1	1608	168	112	11	23	599	427	93593	10915	77908	5127	72076	32881	8701	46133	668	419	419
安徽省水文局	112	307	191	1215	1	614	504	219	5	5889	176	113	15	46	66	141	90235	31274	41488	9698	50897	35530	3624	40473	762	561	969
福建省水文水资源勘测中心	57	83	2495	1574	1	55	157	16	2	642	46	78	3	2	78	126	35152	12343	17987	7675	31706	18593		19048	454	320	489
江西省水文监测中心	120	124	1072	3049	1	128	348	503	2	4616	129	187	38	87	74	112	90163	31060	40983	7533	73033	34092	9163	47404	947	796	618
山东省水文中心	157	330	202	1895		2309	89	548		3847	71	100	5	40	135	219	131691	32433	90002	12650	116658	43030	9513	52543	1014	724	3307
河南省水文水资源测报中心	126	239	157	3953		2340	277	897		5070	96	83	93	128	21	179	147280	21668	114761	8751	92469	31005		32109	1016	556	1914
湖北省水文水资源中心	93	197	323	1306		215	432	63		2039	270	79		9	100	48	140276	22920	91860	14632	101781	25271	2620	27891	1001	689	1417
湖南省水文水资源勘测中心	113	149	998	1754		99	229	344	1	1346	74	103	55	34	125	90	138423	44040	85239	9992	134269	36539	49172	87724	946	695	1031
广东省水文局	86	210	536	1287	1	103	613	1	1	1033	123	61	21	23	268	144	78582	16387	54122	8900	91784	57998	376	58374	738	541	1272
广西壮族自治区水文中心	149	265	256	3499		124	224	200	1	4244	98	144	27	27	206	291	127383	21018	83419	8765	64599	27016	5245	32288	775	442	3437
海南省水文水资源勘测局	13	31	29	212		75	52			203	6	11	1	1	6	36	18868	3746	15122	500	12052	4992	2979	7971	83	74	305
重庆市水文监测总站	31	194	930	4633		80	255	72		5792	11	202	8	8	213	213	38814	1463	36605	4768	42029	6809	2791	9600	122	71	956
四川省水文水资源勘测中心	148	224	442	3309		163	359	109	1	8741	65	300	8	32	120	73	138556	6590	119839	8262	71296	60264	24467	85723	1189	710	
贵州省水文水资源局	105	254	464	2937		60	96	492	2	3793	57	176	5	24	141	99	89835	24572	60298	6266	77514	21220	5769	28106	627	392	1032
云南省水文水资源局	184	210	133	2773	2	181	482	408	2	3064	404	301	2	29	91	119	182111	40678	125986	13829	93911	22863	9512	36275	897	559	1288
西藏自治区水文水资源勘测局	48	87	68	615		60	133	6	3	682	1	41	6	2	24	25	42848	7190	13843	2065	13815	12430	786	13216	274	181	730
陕西省水文水资源勘测中心	80	74	103	1854			173	16		2348	36	70	1	2	91	16	77226	24548	39648	6371	12234	14479		14479	636	475	555
甘肃省水文站	95	38	158	393		464	104	20	1	81	4	83	1	2	6	8	53716	9425	42969	5447	37238	15234	3368	19147	664	465	692
青海省水文水资源测报中心	35	26	28	387		140	79			140	2	38	2	5	14	19	30863	9486	3301	1750	24813	8052	3645	11697	237	264	500
宁夏回族自治区水文水资源监测预警中心	39	194	144	920		358	67	57		1324	16	17	2	8	48	15	12424	7380	3500	3200	4606	5855	1873	8186	195	180	640
新疆维吾尔自治区水文局	130	90	60	87		430	124	522	1	463	62	186	1	2	107	27	106481	39176	20236	4501	45378	30418	3565	33983	787	711	105
新疆生产建设兵团水利局水资源管理处	18	77	554	422		73	5	178		1327		17		2	7	18	20323	10007	7397	773	10569	884		961	68		21
陕西省地下水保护与监测中心				1194						218							14527	930	196	18	5785	2218		2218	307	394	551
长江水利委员会水文局	128	23	273	29	2		342		5	658	34	70	77	66	42	220	179002		158092	13458	135577	33474	18834	52308	1637	1891	165
黄河水利委员会水文局	121	7	94	800	1		84		6	971	17	133	65	81	66	91	197477		127969	7181	136892	39630	20488	60118	1999	1703	695
淮河水利委员会水文局	1	42					132			1		9	2		14	43	4494	280	4118		23437	5432	3067	8499	59	29	
海河水利委员会水文局	16	21	8				83			25	3	24	4	9	22	29	12760	3001	9259	2530	15550	6848	6146	12994	170	38	5
珠江水利委员会水文局	28	19	11				63		12	3		17	14	2	28	99	19701	2552	16222	400	33494	5381	7210	12591	164	85	
松辽水利委员会水文局	11	11	12	78			81			112	10		10	2	2	20	10466	2822	7441	1540	25713	4898	6439	11337	135	38	8
太湖流域管理局水文局	8	53	2				125		2	3	9	3	7	4	63	55	14900	1122	13451	5075	36870	5507	5916	11423	74	9	
总 计	3312	5169	20633	56279	9	26576	9187	5809	61	84921	2575	3566	818	817	3537	3772	2957486	654386	1886041	244943	2388515	942487	265441	1233138	25153	18549	48539